未來已經既定了？量子論給出的答案是什麼？

　　我們從跟量子論核心相關的有趣話題開始說起吧！

　　在量子論誕生之前，大家都認為利用「牛頓力學」（MAP-1）※1就足以說明一切物體的運動。牛頓力學是英國科學家牛頓（MAP-A）所建立的理論，內容在說明物體受力會如何運動。

　　試想把球投到遠處的情景（1），空氣阻力等因素姑且略而不計，如果能夠嚴謹得知球投出瞬間的速度、方向和高度，便可利用牛頓力學精密地計算出球落在地面的位置。也就是說，「球落下的地點在投出瞬間就已經決定了」。

　　無法預測骰子投出的點數，是因為很難精確得知骰子投出瞬間的狀態。如果投出的速度、角度、高度等所有條件都能夠精確掌握的話，便能推算投出的點數。亦即，我們可以說「骰子投出的點數也是在投出的瞬間就已經決定了」。

預見未來的拉普拉斯精靈

　　法國科學家拉普拉斯（MAP-B）把牛頓力學的概念進一步發展，提出以下的想法：「假設有一個能精確知道宇宙一切物質之現在狀態的生物存在，那麼這個生物將能夠完全預言宇宙未來的一切事物吧！也就是說，未來已經既定了。」這個虛擬的生物稱為「拉普拉斯精靈」（2）。

　　在量子論問世之前，拉普拉斯這樣的思考方法是物理學界相當普遍的想法。無法預知未來，是因為人類的能力有限，但事實上，未來已經既定了。

　　不過，當量子論（MAP-2）※2問世後，就明白這個想法並不正確。根據量子論，就算假設拉普拉斯精靈能夠知道宇宙的一切訊息，在理論上也無法預言未來會變成如何！也就是說，未來並不是已經既定的。這個意思將在本書中逐漸釐清（若想直接揭開謎底，請翻至第74頁）。

1. 遠距離投球與牛頓力學

理論上，落下地點可以利用牛頓力學完全預測。

牛頓

※1：加上「MAP-●」記號的語句是刊載於第118頁「量子論的重要人物」和第120頁「量子論的關鍵詞MAP」。

※2：「量子力學」是與「量子論」意義相似的物理學名詞，不過，量子論這個名稱的意涵比較寬廣。在本書中，也將談到促進量子力學發展的理論，所以把這些統稱為量子論。

人人伽利略系列12

量子論縱覽
從量子論的基本概念到量子電腦

人 人 出 版

人人伽利略系列12

量子論縱覽
從量子論的基本概念到量子電腦
監修 和田純夫 日本成蹊大學兼任講師

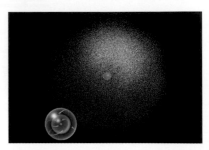

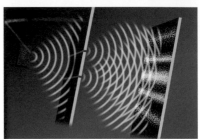

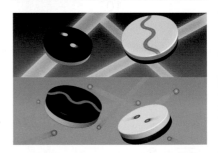

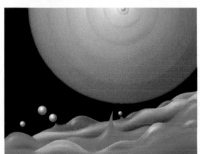
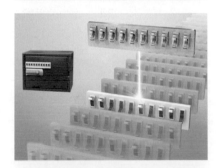

序言

在微觀世界中會發生違反我們常識的現象，量子論就是闡明其世界中行為的理論，並與「相對論」齊名，堪稱現代物理學兩大基礎。為什麼呢？因為了解原子、電子和光等自然界的主角，在闡明自然界謎題上是至關重要的課題。在序言中，首先簡單地介紹量子論的神奇世界，然後藉由摘要一窺本書的精彩之處。

過去

宇宙

現在

拉普拉斯

未來

**2.預知宇宙未來的虛擬生物
「拉普拉斯精靈」**

本圖為拉普拉斯精靈手上握著代表宇宙的球的
想像圖。時鐘插圖象徵拉普拉斯精靈能看透過
去、現在和未來。

7

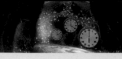
闡明微觀物質之行為的理論

　　量子論究竟是什麼呢？

　　人們在很早以前就知道，一切物質在分割之後，都是由「原子」所組成。到了19世紀末葉，詳細調查有關原子的種種現象之後，發現微觀世界和我們日常生活中所看到的世界迥然不同。究竟有什麼不同呢？在本書中會舉出許多各式各樣的事例。總而言之，微觀物質會表現出無法利用「牛頓力學」來加以說明的神奇行為。

　　因此，我們需要一個能替代牛頓力學的新理論，就是量子論。**所謂量子論，可說是「闡明在非常小的微觀世界中，構成物質之粒子和光等會做出什麼行為的理論」。**

原子層級以下才需要動用量子論

　　不過，我們必須注意量子論所說的「微觀」這個語詞。例如，有些場合會把身體細胞的大小（0.01毫米的程度）當做微觀，但是細胞的行為基本上不必動用量子論來說明。不用量子論就無法說清楚講明白的微觀世界，可以說是在**大約原子及分子層級，亦即1000萬分之1毫米以下的世界**。

　　雖然說是1000萬分之1毫米，但或許還是沒有什麼概念。舉個例子，地球和彈珠的大小比例，以及棒球及其表面原子的大小比例，兩者大致上相等（1）。這樣應該明白原子有多小了吧！

　　原子由中心的「原子核」和在原子核周圍繞轉的多個電子所構成。原子核帶正電，電子帶負電。

　　原子核和電子是比原子更小的粒子。如果把原子核換成彈珠，擺在東京巨蛋的正中央（2），那麼電子的軌域（亦即原子的大小）就相當於整座東京巨蛋（包括觀眾席）的大小。還有，雖然不確定電子的大小，但知道它遠比原子核小得多。

1. 實際感受一下原子的微小吧！
上半部兩個球的大小比例，和下半部兩個球的大小比例大致相等。

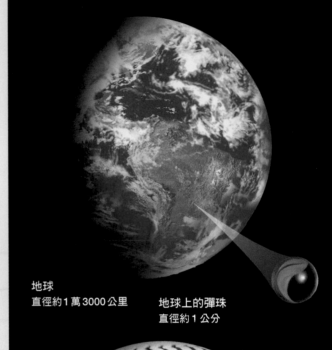

地球
直徑約1萬3000公里

地球上的彈珠
直徑約1公分

球表面的原子
直徑約1000萬分之1毫米
（約0.1奈米）

棒球
直徑約7公分

原子核
（正電）

電子
（負電）

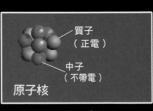

質子
（正電）

中子
（不帶電）

原子核

原子核由帶正電的「質子」和不帶電的「中子」結合而成。

「量子」是什麼？

所謂的量子（quantum），是指「能夠一個一個數出來的小團塊」。也可以說是量（quantity）的基本單位（最小單位）。例如，在量子論問世之前，認為光所具有的能量是「連續的」。不僅有亮度（能量）為 1 的光，也有亮度為1.1的光、亮度為1.0001的光等等，光的能量能夠無限細密地連續增減。但是根據量子論，光的能量雖具有最小的單位，可以數出1、2、3⋯⋯，但並沒有1.1這種中間值存在（後面會做詳細的介紹）。由此可知，光的能量值是跳躍式的不連續。這種光的能量小團塊稱為「光量子」或「光子」。在自然界中，還有其他各式各樣的「量子」。

2.實際感受一下原子的微小吧！

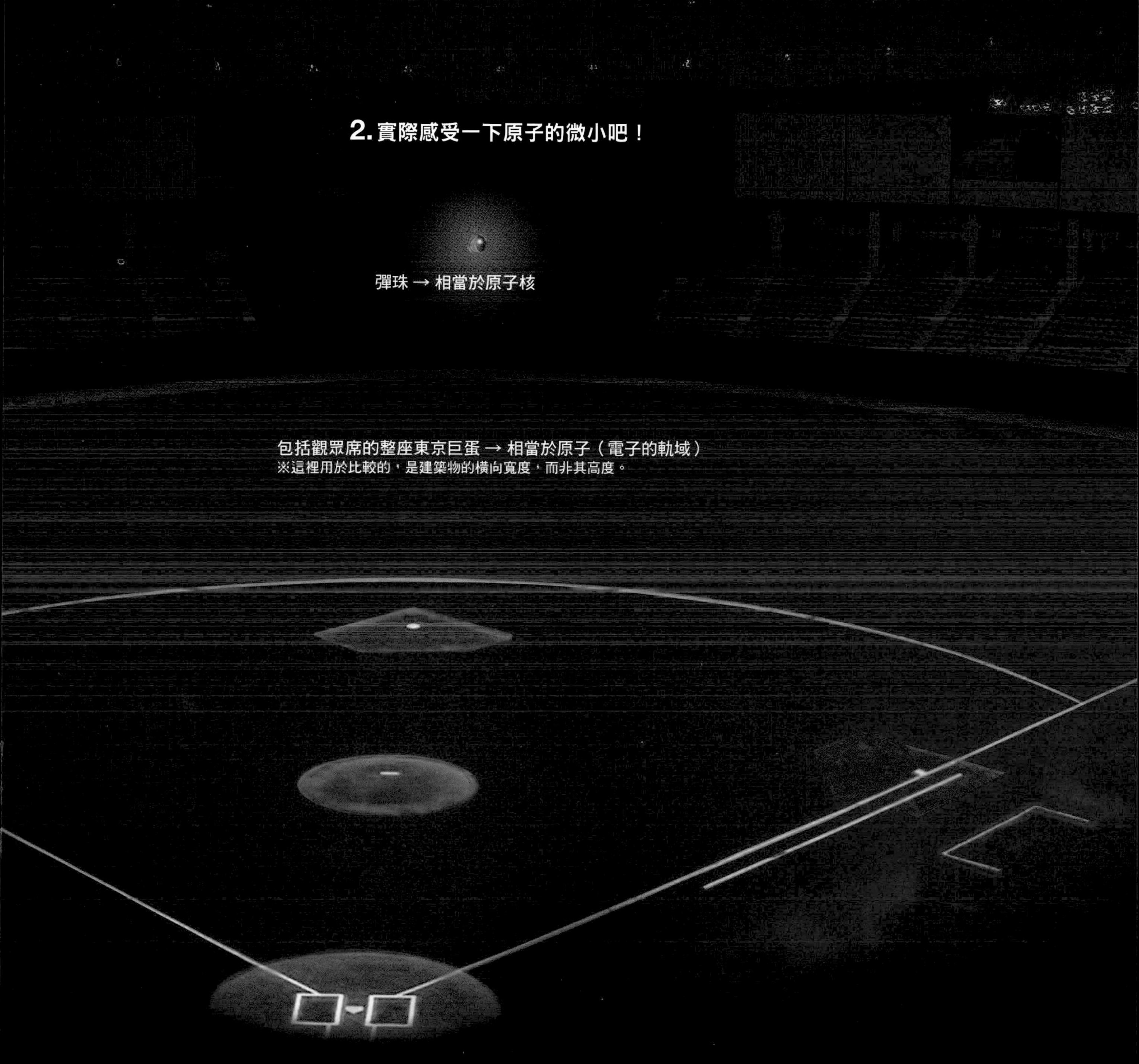

彈珠 → 相當於原子核

包括觀眾席的整座東京巨蛋 → 相當於原子（電子的軌域）
※這裡用於比較的，是建築物的橫向寬度，而非其高度。

量子論和相對論是自然界的兩大理論

　　量子論和有名的「相對論」（MAP-3）並稱現代物理學的兩大支柱，皆完成於19世紀末至20世紀初，徹底顛覆以了以往的常識。**相對論是愛因斯坦建立的理論，闡明了時間進程（時間流逝的快慢）會變慢、空間會扭曲等現象（1）。**或許難以置信，但這些現象已經被許多實驗證明了正確性[※]。

　　另一方面，量子論則是說明電子及光子等行徑的理論（2）。也就是說，相對論是關於時間與空間這個「自然界舞台」的理論，量子論則是有關站在這個舞台上的電子等「自然界演員」的理論。

電子、原子核、光為自然界的主角

　　在本書當中，會聚焦於**電子、原子核及光**來進行說明。因為這些粒子是「自然界的主角」。

　　想像一下用球棒擊球的情景，球棒的表面有原子，原子的表面有帶負電的電子。球的表面也是一樣。球被球棒擊中而飛出去，其實是雙方表面的電子互相排斥的結果。用手掌推壓牆壁時，手不會埋入牆壁裡面，也同樣是因為雙方表面的電子互相排斥之故。在我們身邊有很多像這類不會特別去留意的現象，追根究柢，竟然可以追蹤到電子層級。

　　原子核也是自然界的主角之一。例如，造成火山及溫泉的「地熱」，大半源自地球內部的放射性物質的原子核衰變時放出的熱。

　　此外，我們藉由光才能看見物體，始終透過光在觀察自然界。了解光的性質，對於解答自然界的謎題非常重要。

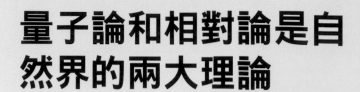

1. 相對論意象圖

地球上的馬表

地球

2. 量子論的意象圖
插圖所示為不利用量子論便沒有辦法理解之原子層級的世界。

原子

原子核

電子

光

在以幾近光速飛行的太空船上，
時間的進程變慢了。

在具有強大重力的天體旁邊，時
間的進程變慢了。

在具有強大重力的
天體旁邊的馬表

以幾近光速飛行之
太空船上的馬表

空間因重力而扭曲
以二維平面表現三維空
間。

具有強大重力的天體
（中子星等）

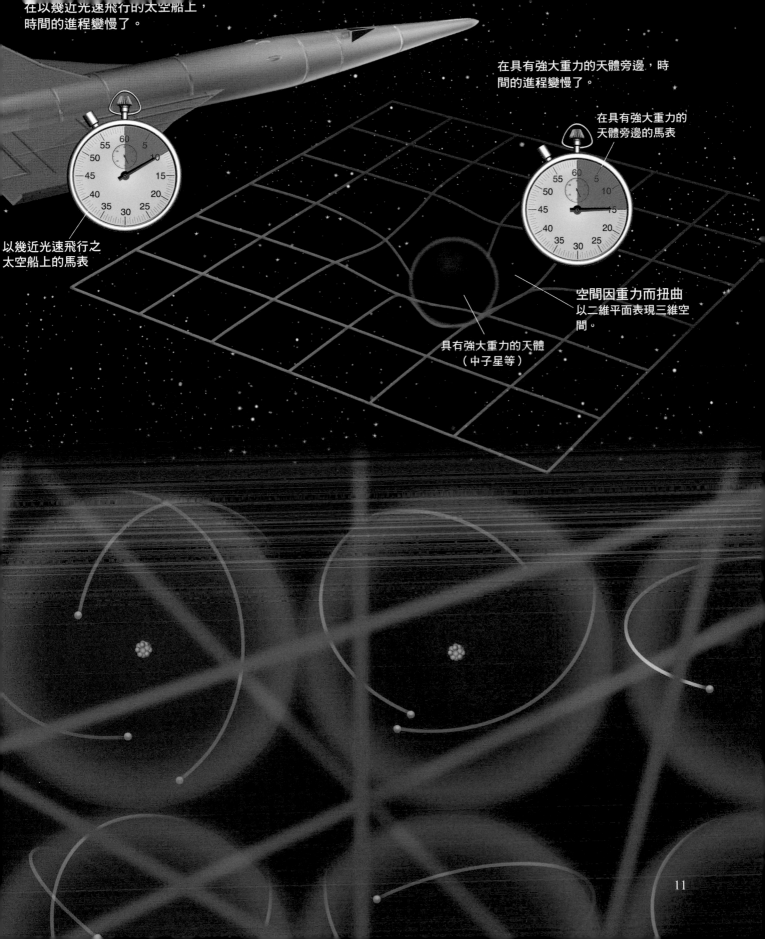

 量子論和日常所見的「巨觀世界」沒有關係嗎？

註：針對疑問（Q）之解答（A）以粗字表示。

博士：量子論是說明原子及電子等非常微小之粒子行徑的物理學重要理論。現代物理學除了少部分的例外不談，要說全部建築在量子論這個基礎上，也不為過。量子論以前的物理學稱為「古典物理」，在比原子更小的微觀世界中，古典物理無法圓滿說明，因此誕生了量子論這個新的理論。

學生：那麼，量子論和我們平常看到的大尺度世界（巨觀世界）沒有關係嗎？

博士：不是這樣的。**量子論能夠適用於自然界的一切尺度，不分它是微觀或巨觀（宏觀）。**另一方面，「牛頓力學」（說明物體受力會如何運動等等的理論）、「馬克士威電磁學」（關於電和磁的理論）等古典物理則只能適用於巨觀世界。

學生：那麼，不管是微觀世界或巨觀世界，只要量子論就能全部處理了嗎？

博士：也不能這麼說。**如果利用量子論來處理巨觀尺度的物體運動，計算量會非常龐大。因此，在實用上，會利用計算工作比較**

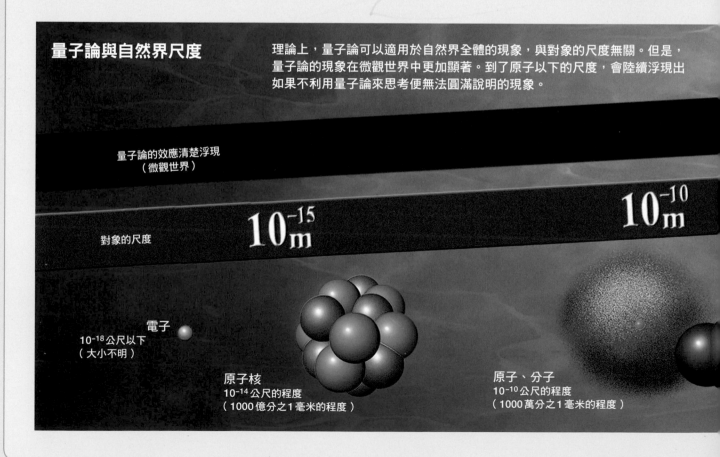

量子論與自然界尺度

理論上，量子論可以適用於自然界全體的現象，與對象的尺度無關。但是，量子論的現象在微觀世界中更加顯著。到了原子以下的尺度，會陸續浮現出如果不利用量子論來思考便無法圓滿說明的現象。

量子論的效應清楚浮現
（微觀世界）

對象的尺度

10^{-15}_m

10^{-10}_m

電子
10^{-18}公尺以下
（大小不明）

原子核
10^{-14}公尺的程度
（1000億分之1毫米的程度）

原子、分子
10^{-10}公尺的程度
（1000萬分之1毫米的程度）

簡單的古典論。在巨觀世界中，用量子論或古典物理得到的答案幾乎會相同。

學生：那麼，有沒有哪些巨觀物質的現象是不利用量子論就無法說明呢？

博士：自然界的物質可以大致分為會導通電流的「金屬」、不導通電流的「絕緣體」和導電性質介於中間的「半導體」這幾類。金屬擁有許多在物質中自由移動的「自由電子」，絕緣體則沒有自由電子。利用古典物理可以計算出，把金屬加上多少電壓，能產生多大的電流等等。但是，為什麼有些物質擁有自由電子，有些物質卻沒有自由電子，就必須利用量子論來加以說明。具體來說，就是把電子想成「在整個固體中傳播的波」，從理論上闡明金屬的性質（關於電子波，請參照第66頁）。金屬這種巨觀物質也是可以利用量子論來解釋它的性質。

我們能夠知覺的世界非常特殊

學生：總覺得很難理解量子論耶！例如「一個電子能夠同時存在於多個場所」（參照第64頁），這種說法實在很難理解。

博士：在我們的身邊，並沒有量子論所處理的微觀世界的現象，所以好像很難去習慣量子論的思考方式。要理解量子論，就不能忘記「人們能夠知覺的世界是非常特殊而有限」的事實。我們依循現代的常識生活，但古代的常識和現在應該不一樣吧！同樣的道理，我們所經驗的事物只是自然界中極為有限的尺度之極為有限的現象而已。根據這個有限的經驗所建立起來的常識，認為它也能夠適用於微觀世界，未免言之過早！

學生：好像真的是這樣吧！

博士：本書會介紹種種需要用量子論思考來說明的現象，只要了解或許就能逐漸理解量子論。

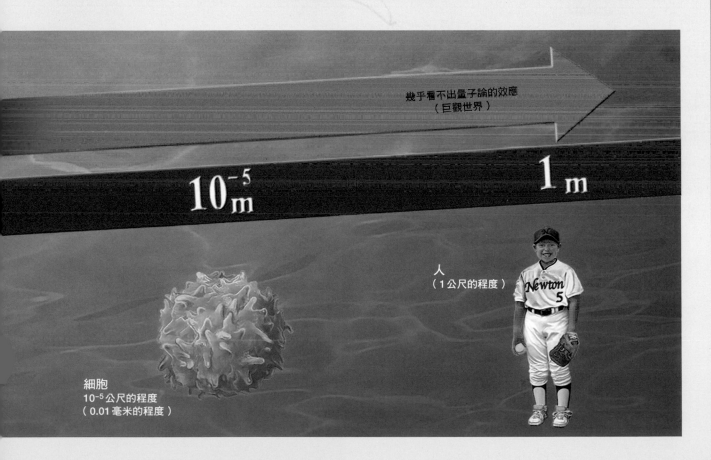

幾乎看不出量子論的效應
（巨觀世界）

10^{-5} m

1 m

細胞
10^{-5}公尺的程度
（0.01毫米的程度）

人
（1公尺的程度）

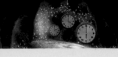

理解量子論時所需的兩個重要項目

在量子論所處理的微觀世界中，物質的行徑和我們的常識截然不同。這可以說是量子論不容易理解的原因之一。

在第1章和第2章將有詳細的說明，不過，在這裡先談一下理解量子論時所需要的兩個重點。

首先，在量子論所說的微觀世界中，光和電子等物體就像一面為白、一面為黑的黑白棋一樣，同時具有「波的性質」和「粒子的性質」。這在量子論中，稱之為「波粒二象性」（波與粒子的二象性）（1，參照第22、44頁）。在我們的常識中，波具有範圍，粒子則是存在於特定的一點，根本互不相容。但在微觀世界中，該常識並不適用。

再者，在微觀世界中，一個物體能夠同時存在於多個場所，這稱為「狀態的並存（2。參照第54頁以後）※」。簡直就像日本忍者的分身術一樣，但是在微觀世界中就是會發生這種神奇現象。這已經藉由實驗確認是事實，可以說是量子論最重要的性質之一。

若要理解量子論，就必須接受在微觀世界中會發生這類令人難以置信的現象。

※：也稱為「狀態的疊合」。參照第67頁的※2。

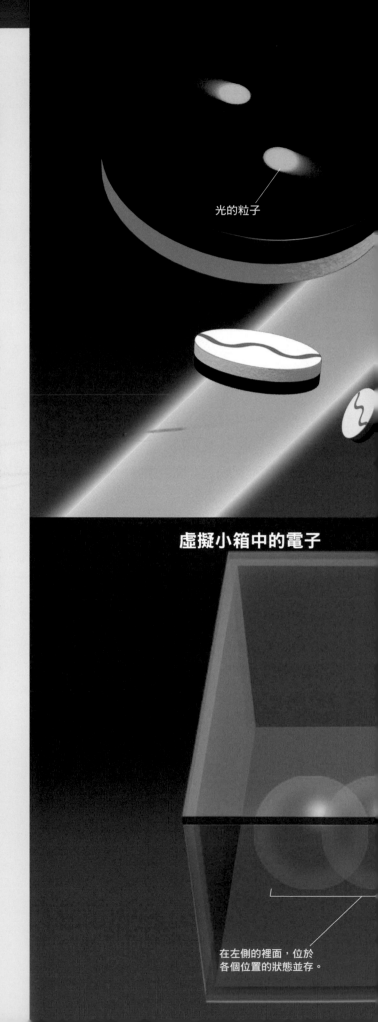

光的粒子

虛擬小箱中的電子

在左側的裡面，位於各個位置的狀態並存。

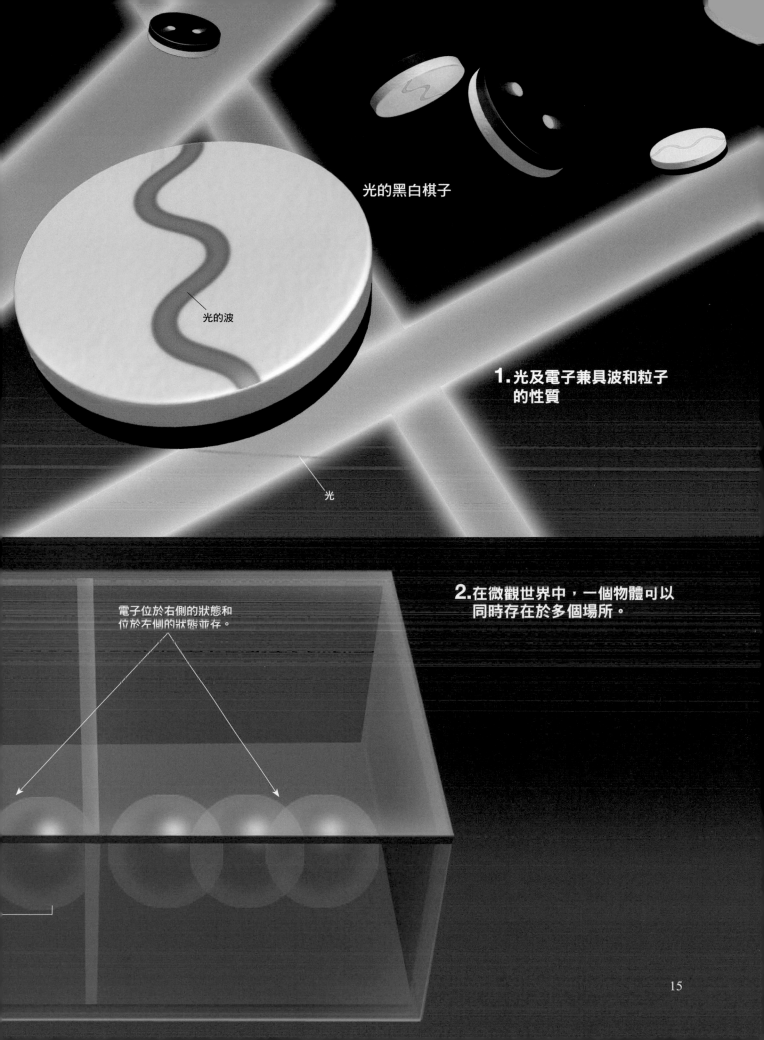

光的黑白棋子

光的波

1. 光及電子兼具波和粒子
的性質

光

電子位於右側的狀態和
位於左側的狀態並存。

2. 在微觀世界中，一個物體可以
同時存在於多個場所。

15

神奇的量子論世界！

　　本書後頭會詳細介紹超級不可思議的有趣話題，在這裡先透露一下吧！這些話題在這裡不做詳細說明，但只要一步一步地隨著本書逐漸深入，到最後應該能揭開謎底。

　　在第10～11頁，把原子描繪成「電子在原子核周圍繞轉」的意象。這是一般常見的插圖，不過，這是根據量子論誕生之前的觀念所繪製的插圖，嚴格來說並不正確。因為，**電子並沒有在原子核周圍繞轉**！根據量子論所繪製更正確的原子插圖，是**原子核的周圍包覆著「電子雲」**（1，參照第126頁）。

　　量子論所闡明微觀世界的神奇事實之一，就是「**物質在真空中生成又消滅**」（2，參照第84頁）。所謂真空，原本是指空無一物的空間，但物質卻會從其中生成又消失！量子論把以往對真空的看法從根本加以推翻了。

　　此外，根據量子論，我們也知道「**電子等微觀物質能穿透障壁**」（3，參照第90頁）。這稱為「穿隧效應」（tunneling effect）。棒球打在牆壁上會反彈回來，但電子會穿過牆壁，出現在牆壁的另一側。

1. 根據量子論所建立更正確的原子意象圖
原子核的周圍包覆著「電子雲」（藍色）。

原子核

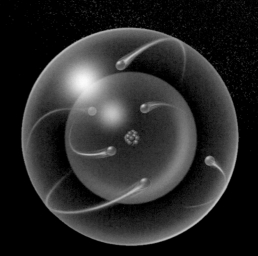

根據量子論誕生前的觀念
建立的原子意象圖

2. 從真空生成又消滅的眾多物質

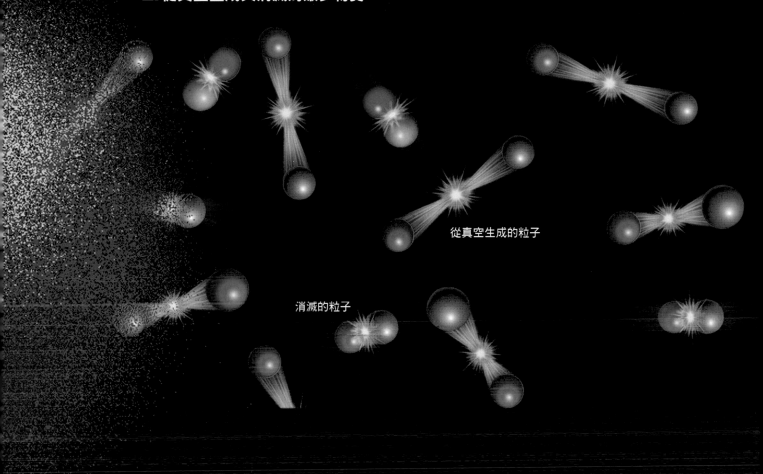

從真空生成的粒子

消滅的粒子

3. 穿透障壁的微觀物質

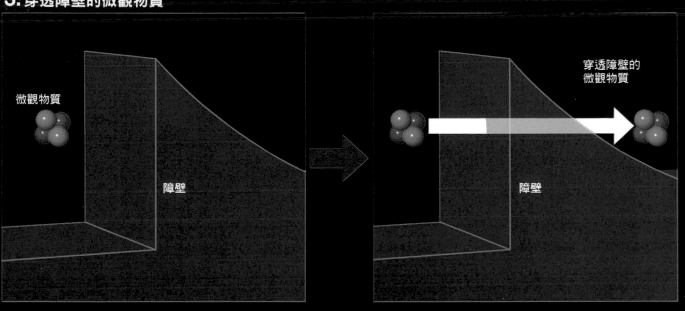

微觀物質

障壁

穿透障壁的
微觀物質

障壁

宇宙誕生，以及平行世界

　　量子論也探討宇宙誕生之謎。科學家利用量子論和相對論，提出了**宇宙從「無」誕生**的假說（1，參照第112頁）。所謂的「無」，是指不僅物質不存在，甚至連空間也不存在的狀態。想像「無」這個東西固然很傷腦筋，但是推敲思考宇宙的誕生則是一件非常快樂的事情。

　　此外，根據量子論的某個想法，**可能有無數個和我們居住的世界不同模樣的平行世界存在**（2，參照第78頁）。對於這個想法抱持著否定態度的科學家大有人在，但支持者也日漸增加。如果這個想法適用於日常生活，則另一個世界的你現在或許並沒有在讀這本書，而是在吃飯或正在和朋友聊天！　　🪐

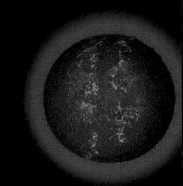

太陽

月球不存在的世界

沒有太陽系的世界

1.從「無」誕生的宇宙
　　無法把「無」畫成插圖，所以在此以起浪的水面意象來表示「無」。

太陽

月球

地球

我們的世界

地球

2.和我們世界不同模樣的世界
是否存在？

膨脹的原始宇宙

剛誕生的微宇宙

量子論的誕生

理解量子論的關鍵詞就是「波粒二象性」和「狀態的並存」。在第 1 章中，會解說「波粒二象性」並追溯量子論誕生的來龍去脈。在量子論誕生之前，人們認為光是波，電子是粒子。但是量子論誕生之後卻主張，在微觀世界中，光和電子等物體具有波的性質，同時也具有粒子的性質。

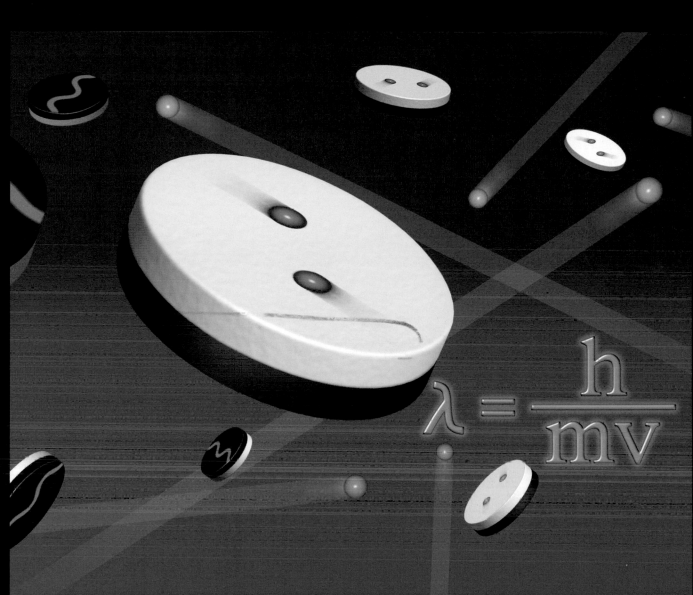

$$\lambda = \frac{h}{mv}$$

電子和光同時具有波和粒子的性質

　　首先，介紹理解量子論的兩個重要項目之一「波粒二象性」(MAP-4)吧！因為是不太容易理解的觀念，在這邊請先掌握一下概念。

　　所謂的波粒二象性，是指**「電子等微觀物質及光，同時具有波的性質和粒子的性質」**。這是量子論的基本原理。

　　波即**「在某個場所的某個振動，向周圍一面散開、一面行進的現象」**（波的一般性質將在第24頁做更詳細的說明）。水面波就是生活中最常見的例子（1）。把一顆石頭丟進水中，石頭落水處的水會振動，這個振動向周圍傳播出去，就成為波。

　　波會一面散開、一面行進。因此，波即使遇到障礙物，也會轉彎前進繞到背後。這種現象稱為「繞射」（2）。

　　而粒子就像是一顆撞球縮小的模樣（3）。波具有散布的範圍，無法指出它僅位於「這裡」的一個地點。但如果是撞球（正確地說，是球的中心），就可以指出它是位於哪一個地點。球（粒子）在某個瞬間會存在於特定的一點。

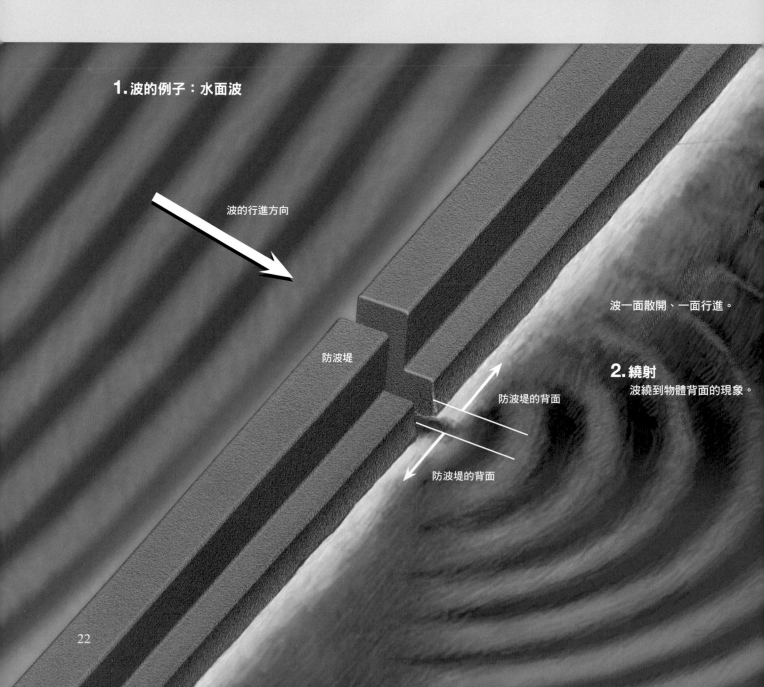

1. 波的例子：水面波

波的行進方向

防波堤

波一面散開、一面行進。

防波堤的背面

2.繞射
波繞到物體背面的現象。

防波堤的背面

此外，粒子只要沒有受到力的作用，速度的大小和方向就不會改變。直到撞上某個東西，才會改變速度大小或行進方向。

無法正確繪出「波粒二象性」

誠如開頭所說的，根據量子論，光和電子都兼具波和粒子的性質。從前面的例子來思考，波和粒子是不相同的實體，所以，同時兼具兩種性質根本是違反常識。這一點使得量子論變得不容易理解，因此必須轉換思考才行。**我們日常接觸的巨觀世界和微觀世界完全不同。**有些事物對我們來說不合常理，但是在微觀世界中卻變成常識。「波粒二象性」實際上代表什麼意義呢？這正是

本書的主題所在。

由於光和電子具有「波粒二象性」，所以不可能以完全正確的形式畫出來，這也可以說是微觀世界的本質吧！在本書中，會把光和電子以各種形式畫成插圖，但請務必了解，這些插圖並未呈現出光和電子的真正面貌，只是擷取某個方面加以表現而已。只要讀完本書，雖然光和電子無法以圖畫呈現它們的真正面貌，想必你也能夠充分想像。

從下一頁開始，讓我們先來探討與光有關之量子論的誕生吧！

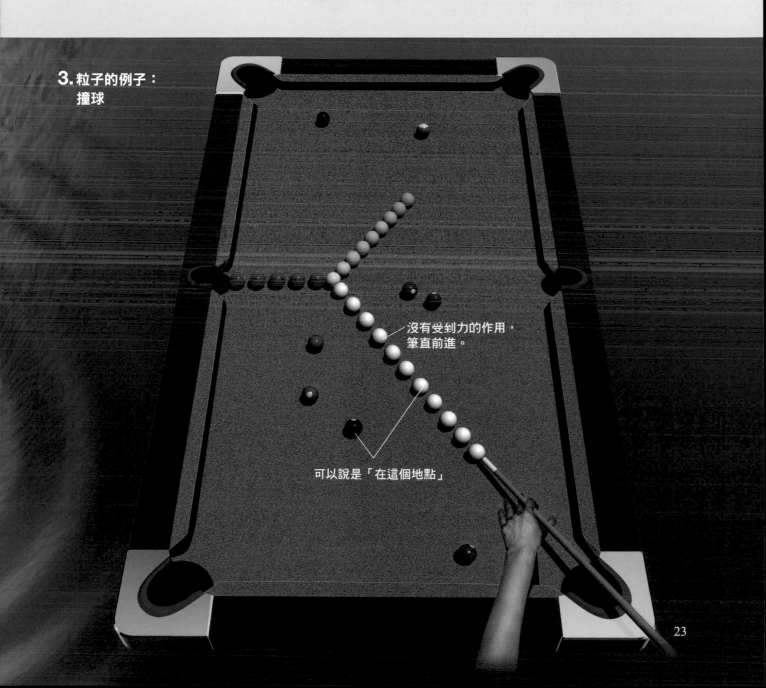

3. 粒子的例子：
撞球

沒有受到力的作用，
筆直前進。

可以說是「在這個地點」

波是什麼呢？

　　從現在開始，讓我們來追蹤與光相關的量子論誕生過程吧！在量子論問世之前的19世紀，始終認為「光是波」。那麼，波究竟是什麼呢？

　　抓著一條長彈簧的尾端上下振動，會在彈簧上造成波谷和波峰沿著彈簧前進（1）。**像這樣，波峰和波谷的形狀一直傳送下去的現象就是波。**彈簧的各個部分並不會隨著波而前進，而是和製造波的手一樣在原處上下振動。以這個例子來說，波的行進方向和振動方向成垂直，這種波稱為「橫波」。波峰的高度（或波谷的深度）稱為「振幅」，波峰間的距離稱為「波長」。

　　假設從彈簧的左右兩端各傳來一個波在中間相遇，如果是波峰和波峰相遇，則在兩個波完全疊合的瞬間，波會加強而成為2倍高的波（2）。另一方面，如果是波峰和波谷相遇，則在兩個波完全疊合的瞬間，波會減弱到使彈簧變成平坦（3）。但是無論哪一種狀況，當兩個波錯身而過之後，又會回復原來的樣貌。像這樣，**兩個波加強或減弱的現象，稱為「波的干涉」。**

　　順帶一提，水面波並非單純的橫波（4）。不僅僅是上下振動，而是呈現圓形（或橢圓形）的振動。

　　聲音是在介質（傳送波的物質，例如空氣和水）中傳播的波，不過其性質與橫波不同。敲大鼓時，空氣會隨著鼓面跟著振動（5）。這麼一來，空氣中便會交互出現空氣分子密度較高的部分（密區）和密度較低的部分（疏區）。所謂的聲波，就是這種空氣分子的疏密分布往前傳送的現象。空氣分子在這個時候發生和波的行進方向相同的來回振動。像這種波的振動方向和行進方向一致的波，稱為「縱波」。

　　在第22頁，曾經介紹了水面波的繞射（波散開而彎進障礙物背面的現象），聲波也會發生繞射和干涉。例如，我們能夠聽到圍牆另一側傳來的聲音，就是因為聲波沒有沿直線前進，而是發生繞射，彎進了圍牆背面的緣故。

1. 在彈簧上傳播的波（橫波）

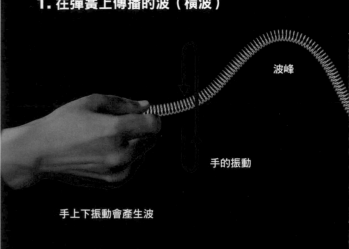

波峰

手的振動

手上下振動會產生波

2. 如果波峰和波峰撞在一起，會……

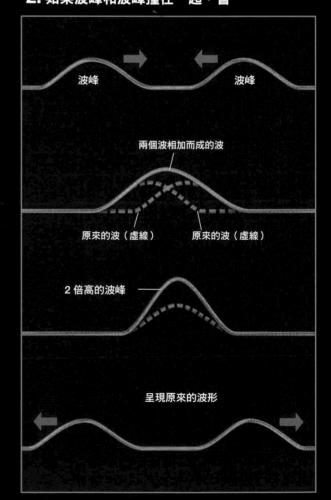

波峰　　　　　　波峰

兩個波相加而成的波

原來的波（虛線）　　原來的波（虛線）

2倍高的波峰

呈現原來的波形

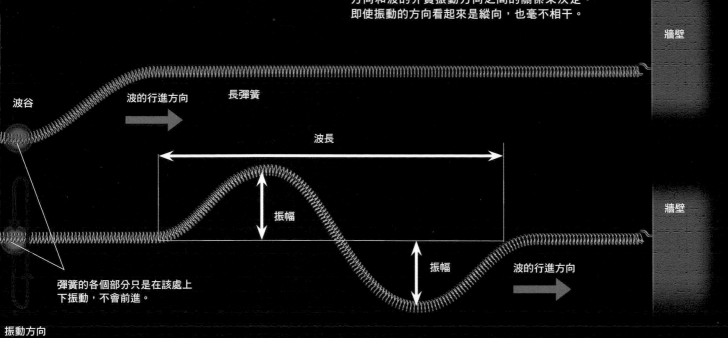

註：下方「在彈簧上傳播的波」依上下方向（縱
　　向）振動，或許有人會覺得稱為橫波很奇怪。
　　但是，橫波和縱波的名稱，純粹是由波的行進
　　方向和波的介質振動方向之間的關係來決定。
　　即使振動的方向看起來是縱向，也毫不相干。

牆壁

波谷

波的行進方向　　長彈簧

牆壁

波長

振幅

振幅

波的行進方向

彈簧的各個部分只是在該處上
下振動，不會前進。

振動方向

3. 如果波峰和波谷撞在一起，會……

波峰

波谷

兩個波相加而成的波

原來的波（虛線）

原來的波（虛線）

在一個瞬間變成平坦

呈現原來的波形

4. 水面波

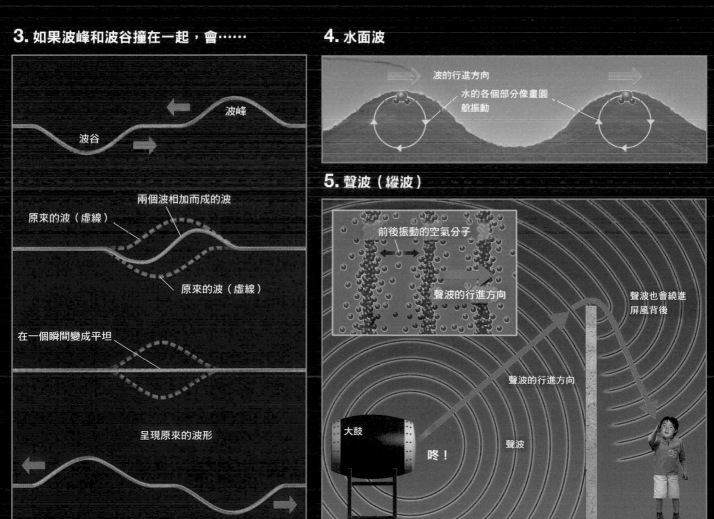

波的行進方向

水的各個部分像畫圓
般振動

5. 聲波（縱波）

前後振動的空氣分子

聲波的行進方向

聲波也會繞進
屏風背後

聲波的行進方向

大鼓

咚！

聲波

光會發生「干涉」。光的波動說成為「常識」

　　由於英國科學家湯瑪士・楊格 (MAP-C) 於1807年進行「光的干涉」實驗，使得「光＝波」這個觀點（光的波動說）成為當時科學界的常識。現在就讓我們來看看這個實驗吧！

　　所謂干涉，是指兩個以上的波疊合時會加強或減弱的獨特性質。楊格企圖使光發生這種干涉作用。**光波的波峰高度（振幅）與光的亮度具有對應關係**。振幅越大，亮度越大。

　　楊格在光源前方設置一片開有一道狹縫的板子，再設置一片開有兩道狹縫的板子（雙狹縫），最後再設置一道能顯映亮光的屏幕（1）。插圖中以黃線表示「波峰的頂點」。如果光是波，則光波在通過第一片板子的狹縫後，會發生繞射而像2一般散布前進。接著，光波在通過第二片板子的兩道狹縫後，會再度發生繞射（3）。

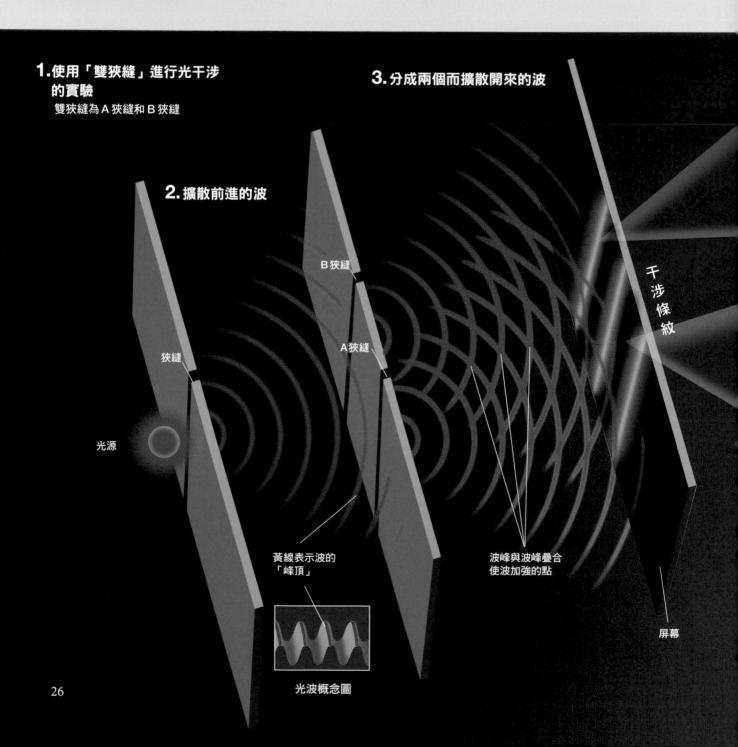

1.使用「雙狹縫」進行光干涉的實驗
雙狹縫為 A 狹縫和 B 狹縫

2.擴散前進的波

3.分成兩個而擴散開來的波

B 狹縫

A 狹縫

狹縫

光源

干涉條紋

黃線表示波的「峰頂」

波峰與波峰疊合使波加強的點

屏幕

光波概念圖

在雙狹縫的前方，通過 A 狹縫的波和通過 B 狹縫的波發生干涉。黃線互相交叉的點，是波各自通過A狹縫和B狹縫後的波峰疊合之處。在這些地方，波會加強，振幅加大，光變得更明亮（4）。另一方面，在波峰和波谷疊合的地方，波會減弱，振幅完全消失，變得一片漆黑（5）。於是，**屏幕上會顯現獨特的明暗條紋圖案（干涉條紋）**。楊格實際進行了這個實驗，得到這樣的結果。

如果光為單純的粒子，理應不會發生干涉

如果光是單純的粒子，這個實驗會產生什麼結果呢？

如 6 所示，光粒子在狹縫前方並不會發生繞射，而是沿直線前進。在屏幕上，將只有狹縫正前方的位置才會顯現亮光！但這和楊格的實驗結果並不相符。由此可知，**如果光為單純的粒子，理應不會顯現干涉條紋**。

最後，楊格的實驗成為決定性的關鍵，讓後來的學界以「光不是粒子而是波」的觀念蔚為主流。

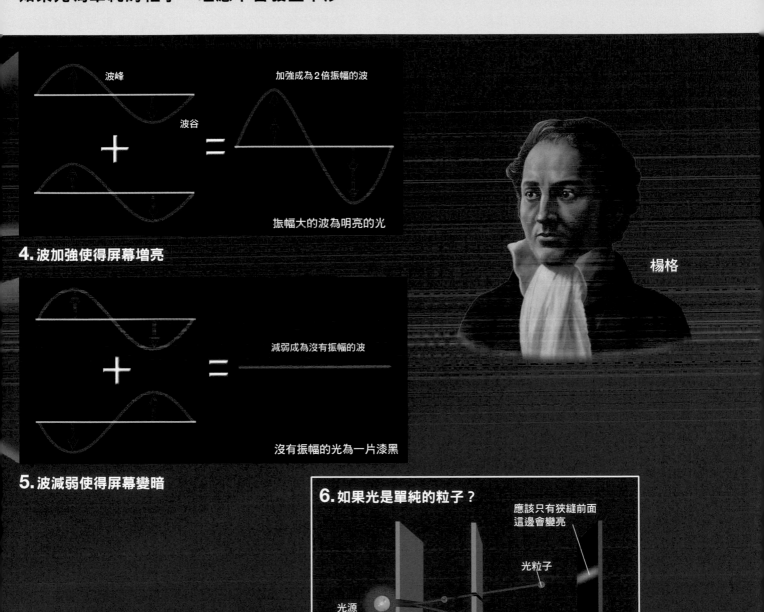

波峰
波谷
加強成為2倍振幅的波
振幅大的波為明亮的光

4. 波加強使得屏幕增亮

減弱成為沒有振幅的波
沒有振幅的光為一片漆黑

5. 波減弱使得屏幕變暗

楊格

6. 如果光是單純的粒子？

應該只有狹縫前面這邊會變亮
光粒子
光源

光是一種電磁波。無線電波和紅外線也都屬於電磁波

在19世紀，已認定為「光是波」。那麼，這代表什麼意思呢？我們來想一想光的同類（1），會比較容易理解。

肉眼能夠看到的光稱為「可見光」。但是，**光不是只有可見光**。會造成曬傷的「紫外線」、電熱器發出使身體暖和的「紅外線」，也都是光的同類。人類的眼睛看不到紫外線和紅外線，但我們知道這些東西在本質上和可見光相同。

不只如此，X 光攝影所使用的「X 射線」、鈾等放射性物質放出的一種輻射線「伽瑪射線」、

微波爐用來將物品加熱的「微波」、行動電話及電視使用的「無線電波」等等，也全都是光的同類。在物理學上，**把這些全部統合起來，稱之為「電磁波※」**。

光的顏色的不同，意味著波長的差異

以天線為例來思考電磁波（光）的振動和波長（2）。當無線電波抵達天線時，天線內的電子會因應它的振動而上下振動（電子的移動就是電流，所以會產生變動的電流）。這和水面

1. 各種光的同類（越往右邊，波長越長）

各種波長的範圍並沒有嚴格的界定，多多少少會互相重疊。此外，插圖中的各種電磁波的波長並沒有依照實際的比例繪製。

可見光的「七色」

波長較短 ⟷ 波長較長

伽瑪射線
（波長：10皮米以下）
從放射性物質放出的一種輻射線。
（1皮米為10億分之1毫米）

可見光（波長：約400～700奈米）
肉眼能夠看到的光。人類會依不同的波長看到不同的顏色。從波長較短者起，依序為紫、靛、藍、綠、黃、橙、紅。
（100奈米為1萬分之1毫米）

波長

X射線
（波長：1皮米～10奈米）
常用於拍攝 X 光圖片。
（10奈米為10萬分之1毫米）

紫外線
（波長：1～400奈米）
可能會造成曬傷或產生黑斑。因為波長比紫色可見光短，所以稱為紫外線。
（1奈米為100萬分之1毫米，100奈米為1萬分之1毫米）

紅外線
（波長：約700奈米～1毫米）
從具有熱的物質放出。因為波長比紅色可見光長，所以稱為紅外線。

X 光片示意圖

紫外線可能會造成曬傷

阻隔紫外線的太陽眼鏡

紅外線熱成像的圖像示意圖

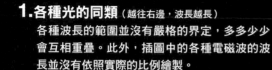

波會使浮在水面上的球上下漂動相似。**所謂的電磁波（光），可以說就是「使電子（正確地說，是帶有電荷的粒子）振動的電場與磁場在空間中傳播」。**

這裡必須注意：電磁波在真空（沒有物質的空間）也能傳播，所以它**「不是藉由某種物質振動所產生的波」**。此外，電磁波是行進方向和電場及磁場振動方向垂直的「橫波」。

在插圖2中，朝上的箭頭（橙色）表示電場朝上，朝下的箭頭表示電場朝下。當朝上的電場和天線重疊，會產生使電流往上流通的作用；當朝下的電場和天線重疊，則產生使電流往下流通的作用。

反過來思考，只要記錄在天線內流動的電流，就可以得知電磁波的振動狀況。電流方向快速變化的為波長較短的電磁波；電流方向緩慢變化的為波長較長的電磁波。

上面列舉各種光的同類，波長各自不同。依其波長由短至長，分別為伽瑪射線、X射線、紫外線、可見光、紅外線、微波、無線電波。此外，**可見光的顏色也是因為波長的差異所造成。依其波長由短至長，分別為紫、靛、藍、綠、黃、橙、紅。**

※：電磁波為振動著的電場與磁場構成的波。本書中，有時也會直接把光當成電磁波的意思來使用。

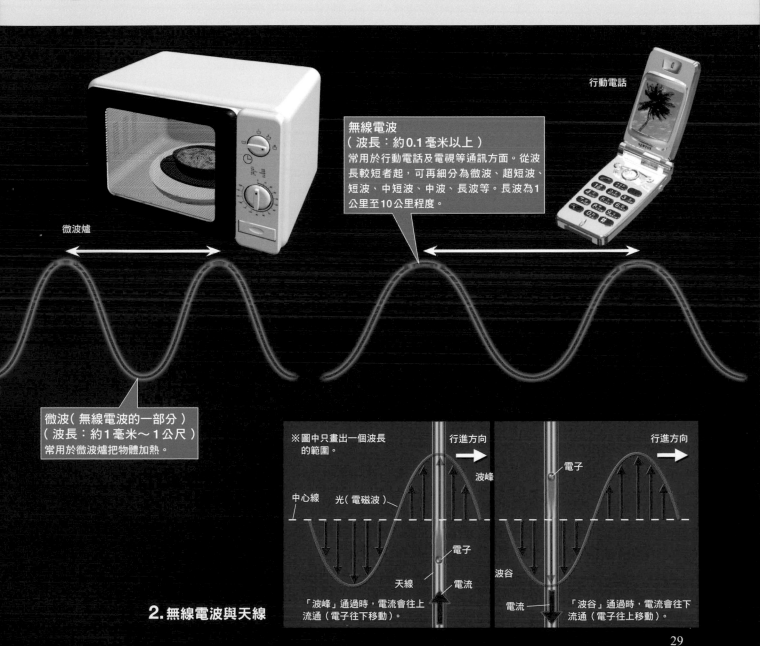

行動電話

無線電波
（波長：約0.1毫米以上）
常用於行動電話及電視等通訊方面。從波長較短者起，可再細分為微波、超短波、短波、中短波、中波、長波等。長波為1公里至10公里程度。

微波爐

微波（無線電波的一部分）
（波長：約1毫米～1公尺）
常用於微波爐把物體加熱。

※圖中只畫出一個波長的範圍。

行進方向

波峰

中心線　光（電磁波）

電子

天線　電流

「波峰」通過時，電流會往上流通（電子往下移動）。

行進方向

電子

波谷

電流　「波谷」通過時，電流會往下流通（電子往上移動）。

2. 無線電波與天線

普朗克的「量子假說」: 能量的數值並不連續

在19世紀邁入尾聲的時候,對於光仍有若干謎題尚未解開。當時的鋼鐵業為了製造出品質更好的鋼鐵,必須正確地測量熔礦爐內部等處的溫度。但是由於沒有辦法把溫度計直接插入高溫的熔礦爐,因此,都是依據從高溫物體發出之光的顏色(波長)來推定溫度的高低。光在高溫熔礦爐內部的壁面反射多次之後,從小窗跑出外面(1)。這個時候的光稱為「空腔輻射」[※1]或「黑體輻射」[※1]。根據光的顏色

來推定爐內溫度,如果是紅色就是600℃左右,若是黃色就是1000℃左右,若是白色則為1300℃以上。

但是,對物理學家們來說,這卻成了一個大難題。因為他們**無法依據理論,圓滿地說明高溫物體發出之光的規則性**(2)。

在這樣的困境當中,德國物理學家馬克斯·普朗克[(MAP-D)]終於在1900年,針對高溫物體發出之光的規則性,建立了一個符合實驗結果

1. 促使「量子假說」誕生的高溫爐發出的光(黑體輻射)

如果以從小窗跑出來的光的波長為橫軸,光的強度為縱軸,則該圖形的形狀只取決於溫度,而與爐的材質及形狀無關(右頁表)。反過來說,就是可以藉由光的測定,來推定爐中的溫度。普朗克一再從理論上探究這個圖形的形狀,最終提出了「量子假說」。

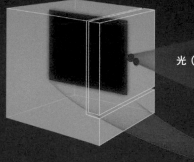

內壁達到高溫的爐

光(黑體輻射)

熔礦爐示意圖

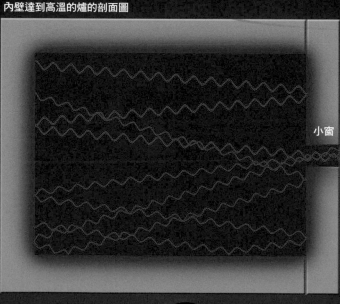

內壁達到高溫的爐的剖面圖

光(黑體輻射)

小窗

普朗克

的數學式子（3）。在思考這個式子的意涵時，普朗克提出了「量子假說」這個具有革命性的想法。

用手指去壓一顆浮在水面上的球使其振動，水面會產生波。同樣地，原子、分子振動時，會產生光波（電磁波）。普朗克的量子假說，就是指「**發光粒子**[※2]**振動的能量數值，只能是跳躍式的不連續的值**」[※3]。

我們舉彈簧的振動為例來說明普朗克的假說吧（4）！依據量子論問世之前的力學，振動的彈簧所具有的能量，取決於彈簧從原來的長度拉到最大時的伸長量。普朗克的假說卻相當

於，只能做這個最大伸長量符合離散式的值的振動，不能做最大伸長量偏離離散式的值的振動。不過，利用量子論所思考的彈簧的運動，實際上更為複雜。

※1：一般的物體會依照光的波長而加以吸收或反射。黑體則是能吸收所有波長的光（電磁波）的理想（虛擬）物體。從被加熱的黑體放出的光稱為「黑體輻射」。把中空的容器的內部加熱到高溫時，從其壁面的小洞跑出來的光稱為「空腔輻射」。根據實驗觀測得知：即使容器不是黑體，空腔輻射的強度與波長的關係，也與黑體輻射相同。

※2：普朗克當時並沒有明講發光的實體是「原子」或「分子」，而是使用了「共振器」（resonator）這個名詞。

※3：根據普朗克的量子假說，設粒子的頻率（每1秒的振動次數）為 ν，則振動的能量只能是 $h\nu$ 的整數倍（h 稱為「普朗克常數」，約6.63×10^{-34}焦耳・秒）。

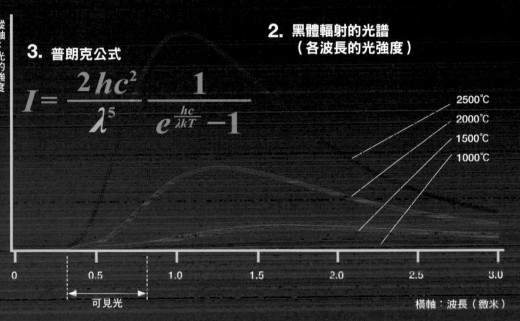

縱軸：光的強度

3. 普朗克公式

$$I = \frac{2hc^2}{\lambda^5} \frac{1}{e^{\frac{hc}{\lambda kT}}-1}$$

2. 黑體輻射的光譜
（各波長的光強度）

2500℃
2000℃
1500℃
1000℃

0   0.5   1.0   1.5   2.0   2.5   3.0

可見光

橫軸：波長（微米）

左邊是以波長為橫軸，以光的強度為縱軸的黑體輻射圖形。當時，說明黑體輻射的式子有「雷利-金斯公式」和「維恩公式」。

不過，前者雖在波長較長的領域符合實驗結果，但在波長較短的領域，因光的強度會無限地增大，導致與實驗結果不符；而後者在波長較短的領域符合實驗結果，但是在波長較長的領域則與實驗結果不符。

普朗克提出的式子（圖形上方）擷取了兩個式子的優點，任何波長的領域都能完全符合實驗的結果。

4. 以彈簧為例的普朗克「量子假說」

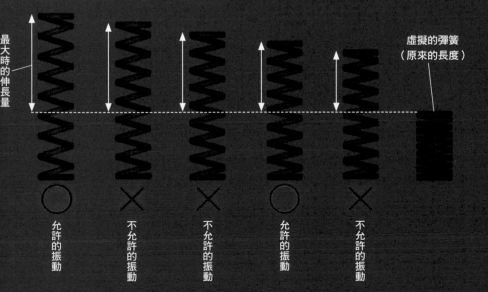

最大時的伸長量

虛擬的彈簧
（原來的長度）

○ 允許的振動　× 不允許的振動　× 不允許的振動　○ 允許的振動　× 不允許的振動

振動的彈簧所具有的能量，與振動最大時之伸長量的平方成正比。若是以振動的彈簧（相當於發光的原子、分子）為例來說明普朗克的量子假說，則變成只能做最大伸長量的振動（○記號），只要稍微偏離這個值（×記號），這樣的振動就不被允許。

若假設光為單純的波即無法說明的現象

　　愛因斯坦（MAP-E）也對高溫物體發出的光再三進行探討，從而在1905年得到一個結論，這個結論和普朗克的想法不太一樣。

　　普朗克認為光源物質粒子的振動能量值為離散式（不連續），但愛因斯坦卻認為：「**是光本身的能量為離散式**」，這個主張稱為「光量子假說」。也就是說，**光的能量具有不能再分割下去的最小團塊。這個團塊稱為「光子（或光量子）」**（MAP-5）。

量子論誕生前，光電效應是一個謎題

　　愛因斯坦認為光是不連續光子的集合體，把這個想法嘗試運用到「光電效應」的現象上。

　　光電效應是19世紀末期發現的現象：「把光照射金屬，金屬中的電子會從光獲得能量而飛出金屬外面」。這個時候，要使電子飛出去，就必須提供電子一定程度以上的能量才可以（1）。

　　我們使用由金屬板和兩片金屬箔片構成的「箔片驗電器」裝置來思考光電效應吧（2）！利用靜電使箔片驗電器的金屬板帶有負電荷，電荷也會隨之散布到金屬箔片上，使金屬箔片因為負電荷之間的斥力而打開。把短波長的光照射這個金屬板後，金屬箔片則會合起來（2）。這是因為光電效應而飛出去的電子把負電荷帶走，使得金屬箔片的斥力減弱的緣故。但是，如果是照射長波長的光，電子不會飛出去，金屬箔片也不會合起來（3）。

　　還有，使用短波長的光照射金屬板時，如果把光調暗（減弱），則電子飛出去的數量會減少，但即便如此，光電效應依舊會發生。另一方面，如果使用長波長的光，則不管光調到多麼明亮（加強），都不會有電子飛出去。如果把光當成是單純的波，就很難說明這些事實。下一頁將會深入探討這個謎題。

1. 電子需要一定程度以上的能量才能從金屬中飛出

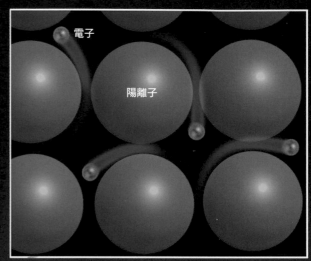

電子

陽離子

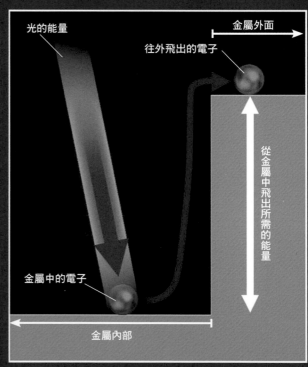

光的能量

金屬外面

往外飛出的電子

從金屬中飛出所需的能量

金屬中的電子

金屬內部

帶負電的電子在金屬中被帶正電的陽離子拉住（上段圖）。若要掙脫這個引力飛出外面，就需要一定程度以上的能量（下段圖）。

波長較短的光

飛出去的電子

金屬板

2. 波長較短則會發生
光電效應

即使把光減暗，也
會發生光電效應。

箔片驗電器

波長較長的光

金屬箔片

3. 波長較長則不會發生
光電效應

即使把光增亮，也不
會發生光電效應。

電子把負電荷帶走，
斥力減弱，金屬箔片
合起來。

金屬箔片由於負電荷的
斥力而保持打開。

愛因斯坦認為「光也具有粒子的性質」

誠如第26頁的說明，如果把光當成波來思考，則應該是弱光（比較暗的光）的振幅小，強光（比較亮的光）的振幅大。例如，波浪較低（振幅較小）的話，船隻不太能從波浪獲得能量，所以會平穩行駛而不會被抬起來（1）。同樣的道理，假設在某個條件下發生光電效應，如果把射入的光調暗（把振幅縮小），則電子將無法繼續獲得足夠的能量，應該會變成無法發生光電效應才對。

另一方面，波浪較高（振幅較大）的話，船隻將可從波浪獲得足夠的能量，而被高高抬起（2）。同樣的道理，雖然在某個條件下無法發生光電效應，但只要把光調亮（把振幅加大），電子獲得的能量就會增加，應該會引發光電效應才對。

但是，以上的預測並不符合實驗的結果。如果把光當成單純的波來思考，便無法圓滿說明光電效應。

另一方面，如果把光當成光子的集合體來思考，就能解答這個謎題了。**光的波長越短，則光子的能量越高，撞擊的力道越強。** 依照這個想法，**光的明暗對應於光子的數量。** 短波長的光，光子的能量比較大，撞擊的力道比較強，所以即使數量比較少（比較暗），也能激使金屬板中的電子飛出來（3）。另一方面，長波長的光，各個光子的能量原本就很小，所以即使增加數量（調亮），其撞擊力道也不足以激使電子飛出來，因此不會發生光電效應（4）。

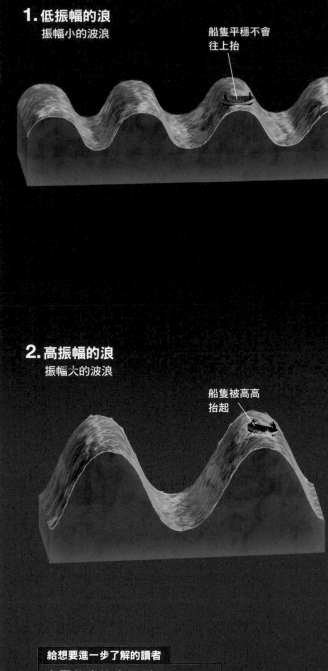

1. 低振幅的浪
振幅小的波浪

船隻平穩不會往上抬

2. 高振幅的浪
振幅大的波浪

船隻被高高抬起

給想要進一步了解的讀者

光電效應的應用例子
有個知名應用例子，就是獲得諾貝爾獎的日本小柴昌俊博士所研究的神岡微中子探測器的「光電倍增管」。光電倍增管是外型像燈泡的光威測器。當光照射光電倍增管的一個電極時，會產生電子而從電極表面飛出去。這些電子在管內被加速，再撞擊另外的電極，造成更多高能量電子，也就形成放大的電流訊號。

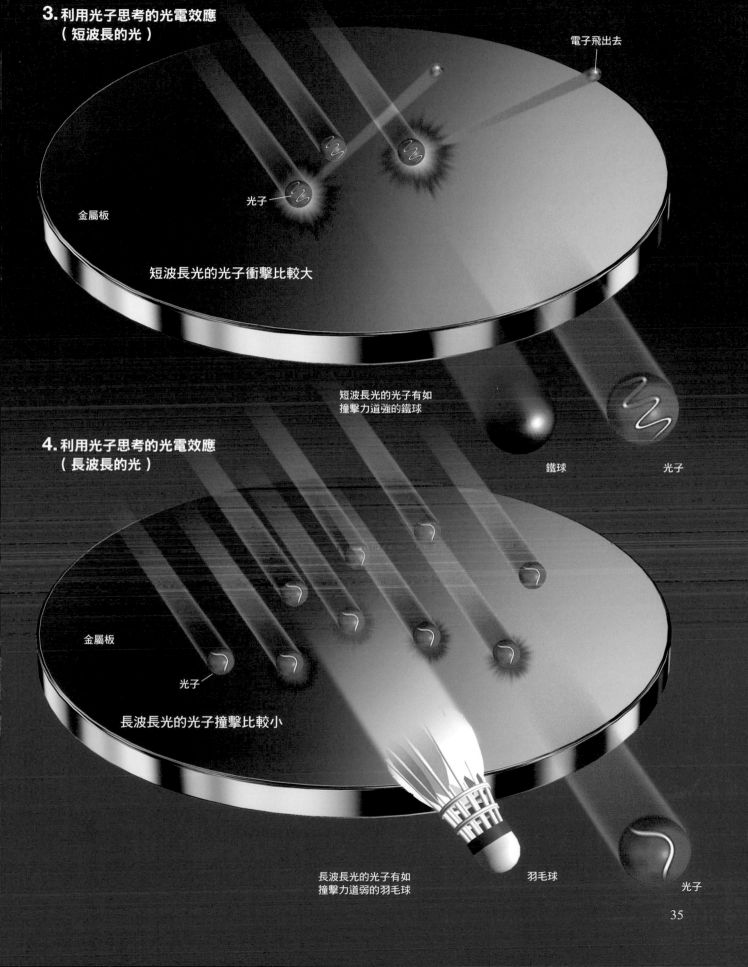

3. 利用光子思考的光電效應
　　（短波長的光）

電子飛出去

光子

金屬板

短波長光的光子衝擊比較大

短波長光的光子有如
撞擊力道強的鐵球

鐵球

光子

4. 利用光子思考的光電效應
　　（長波長的光）

金屬板

光子

長波長光的光子撞擊比較小

長波長光的光子有如
撞擊力道弱的羽毛球

羽毛球

光子

35

不把光當成粒子來思考就無法說明的現象

所謂的光子，是指「雖然具有波的性質，但卻是由最小的團塊所構成，能夠逐一點數的物體」。也就是說光子具有「波粒二象性」。這個概念的出現，可說為量子論揭開了序幕。

光的波動說（第26頁）認為光是「往周圍擴散前進的波」（1）。依照這個想法，光的能量應該是越往遠方則越無限地薄弱下去。另一方面，按照光子的想法，由於是團塊（粒子）在行進，所以一個團塊具有的能量無論跑多遠也不會改變（2）。

不過，在插圖2中，光子波的性質無法以圖像來表現。很難以一幅圖畫正確表現「波粒二象性」。波粒二象性在討論電子的篇章還會出現（第56頁之後）！

有些現象無法以均勻散開的光波來說明

在日常生活中，也有一些現象，若不把光當成光子（光的粒子性）來思考，便無法圓滿地說明。例如，夜空的遙遠恆星等天體，只有極弱的光抵達眼睛，我們卻能馬上看得到，這也是若非光子就無法說明的現象。

我們要能看得到星星，必須是眼睛裡的分子

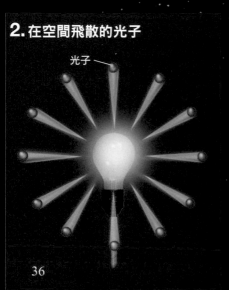

1. 在空間均勻散布的光波

光波

2. 在空間飛散的光子

光子

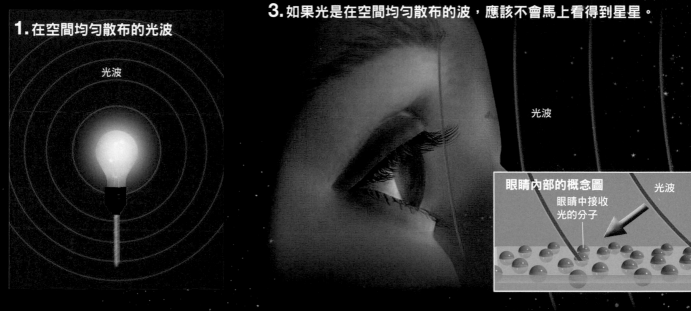

3. 如果光是在空間均勻散布的波，應該不會馬上看得到星星。

光波

光波

眼睛內部的概念圖

光波

眼睛中接收光的分子

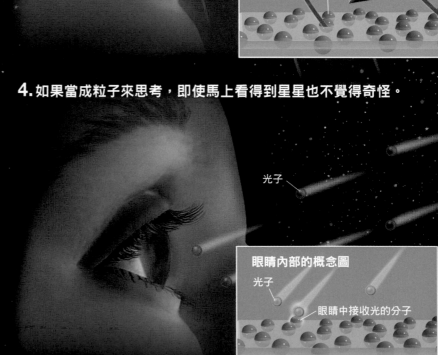

4. 如果當成粒子來思考，即使馬上看得到星星也不覺得奇怪。

光子

眼睛內部的概念圖

光子

眼睛中接收光的分子

接收到光而發生變化才行。如果光是單純的波，那麼星星的光會向四面八方均勻地散布出去，只會有一小部分抵達我們的眼睛吧（3）！分子的表面積很小，所以我們可以計算出眼睛裡的一個分子能接收到的光的能量非常微弱。因此，需要很長的時間，才能累積足夠的能量使分子發生變化。也就是說，仰望夜空時，如果沒有耗上一段很長的時間，將無法看到星星。

另一方面，如果光是以團塊（光子）的形式行進的話，眼中具有數量龐大的分子，其中若干個會和光子發生碰撞。如果1個光子的能量已經足以引發分子的變化（若是可見光）的話，我們就能在瞬間看到星星的光了（4）。雖然很多分子沒有接收到光子，但只要有部分的分子接收到就行了。

電暖器長時間開著也不會曬傷，這也只能用光子來說明。電暖器發出的光主要是紅外線，若要造成曬傷，必須是皮膚的分子受到電磁波的照射而發生化學變化。如果是短波長的紫外線光子，便具有足夠的能量引發這樣的反應（5）。但是，長波長的紅外線的光子能量並不足以引發這樣的反應。因此，電暖器烘再久也不至於造成曬傷（6）。

恆星

恆星

能量少而漸漸累積

為了「看得到」所需要的能量

眼睛中的分子接收到的能量模擬圖

能量一次集中在一個地方

為了「看得到」所需要的能量

眼睛中的分子接收到的能量模擬圖

給想要進一步了解的讀者

眼睛習慣黑暗

一直仰望夜空的話，眼睛會逐漸習慣黑暗，連暗淡的星星也漸漸地能夠看得到。這是因為眼睛內部負責感光的視網膜的感受性提高了（暗適應），與光的波動說沒有關係。

5. 曬傷是因紫外線的光子所引起

短波長的紫外線光子（光子的能量大）

6. 紅外線的光子不會造成曬傷

長波長的紅外線光子（光子的能量小）

Q2　光子究竟是粒子？還是波？

註：針對疑問（Q）之解答（A）以粗字表示。

博士：雖然從楊格實現光的干涉實驗以後，光始終被認為是波，但是愛因斯坦卻在1905年發表了「光具有無法再分割下去的能量最小單位的團塊（光量子）」的假說。這可說是量子論的黎明期最重要的假說之一。光量子如今被稱為「光子」。光也具有粒子的性質（**a**）。

學生：光子是像棒球一樣的東西嗎？

博士：不是。**光子既不是單純的粒子，也不是單純的波。它同時具有粒子和波的性質。這個現象稱為「波粒二象性」。** 在巨觀世界中，並沒有這種兼具粒子和波的性質的物體存在，所以我們很難在腦海中想像。而光子就是這麼奇妙的東西。

學生：光子和單純的粒子有什麼不一樣的地方呢？

博士：思考一下插圖 **b** 的實驗吧！在光源前方放一塊板子，板子上開有兩條狹縫。在這塊板子前方放一片表層有感光材料的屏幕，這屏幕上有一層感光材料，當光照射到屏幕時，就會在屏幕上留下痕跡。這個實驗的重點在於調節光源發出的光量，使得每次只發射出一顆光子。反覆多次發射光子之後，會在屏幕上留下什麼樣的圖案呢？

學生：如果把光子當成棒球一樣的單純粒子，應該只有狹縫的正後方會有光的痕跡吧？

博士：事實並非如此。實際進

光具有無法再分割下去的「能量最小單位的團塊」，稱為「光子（或光量子）」（**a**）。

　　不過，光子並非單純的粒子。想像實施一個在光源的前方設置雙狹縫板和感光屏幕，再讓光子一次一個飛出去的實驗吧（**b**）！如果光子是單純的粒子，則應該只能抵達狹縫的正前方位置。但是在反覆多次發射光子之後，卻在屏幕上留下了稱為「干涉條紋」的獨特明暗條紋圖案。

　　在雙狹縫實驗中，顯現出干涉條紋，這是波的特有性質，也是光子具有波性質的證據。

a. 光子

光子

光源

※：上方為光子的示意圖，但這幅插圖中並未表現出光子的波的性質。

行這個實驗的結果，屏幕上出現了稱為「干涉條紋」的明暗相間條紋。這樣的裝置能夠產生干涉條紋，是波的特有性質，由此可知，光子具有波的性質。在雙狹縫的前方，一個光子化為兩個波，這兩個波疊合而加強或減弱，在屏幕上產生了明暗的條紋圖案。

學生：真是不可思議啊！

博士：按照巨觀世界的常識，確實難以置信，但出現了干涉條紋這件事，讓人不得不認為是每個光子表現出波的行為，因而能通過兩道狹縫。在雙狹縫的前方，有光子的兩個波並存著。

學生：的確，如果把光子當成是單純的粒子，並不能圓滿地說明這個實驗的結果。

博士：由上可知光子具有「波粒二象性」。不過在微觀世界中，**電子等一切物體都具有波粒二象性**[※]。質量越大，波的性質越不明顯，但即使在分子的層次（C_{60}：富勒體等等）施行與上方同等的實驗，結果仍可以確認分子也具有波的性質。　🪐

※：關於電子的干涉，自56頁起會做詳細解說。

b. 讓光子一次一個飛出去的雙狹縫實驗

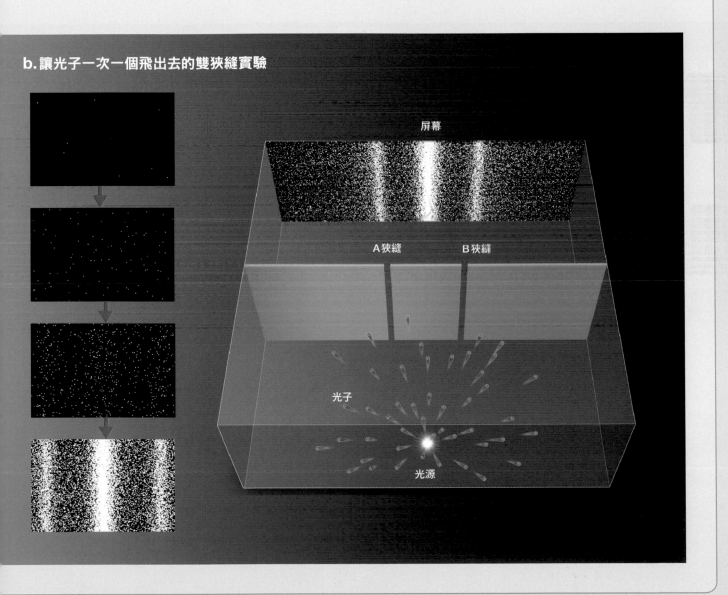

屏幕

A狹縫　　B狹縫

光子

光源

初期的原子模型──葡萄乾麵包型和土星型

從這裡開始,我們來談談關於原子和電子之量子論的誕生過程吧!

1897年,英國物理學家湯姆森^(MAP-F)經由實驗發現了電子的存在。接著,物理學家們被一個巨大的難題困住了。**因為不知道電子是以什麼樣的狀態和配置存在於原子之中。**原子不帶電,所以如果原子裡有帶著負電的電子存在,則原子裡勢必也要有帶著同等正電的某種東西存在才行。湯姆森構思了一個原子模型,主張原子的形狀好像葡萄乾麵包一樣,帶正電的麵團把葡萄乾(帶負電的電子)包在裡頭,讓電子在麵團裡頭運動(1)。

另一方面,出生於日本江戶時代末期,為日本物理學奠定基礎的長岡半太郎^(MAP-G)則提出另一種原子模型,主張原子的形狀好像土星及土星環一樣,帶負電的電子在帶正電的球周圍繞轉(2)。長岡認為正電和負電應該是分開存在的。長岡構思的模型和現在經常看到的原子模型(3)比較接近,但是,或許出乎你的意料之外,**長岡構思的土星型的原子模型在當時並**

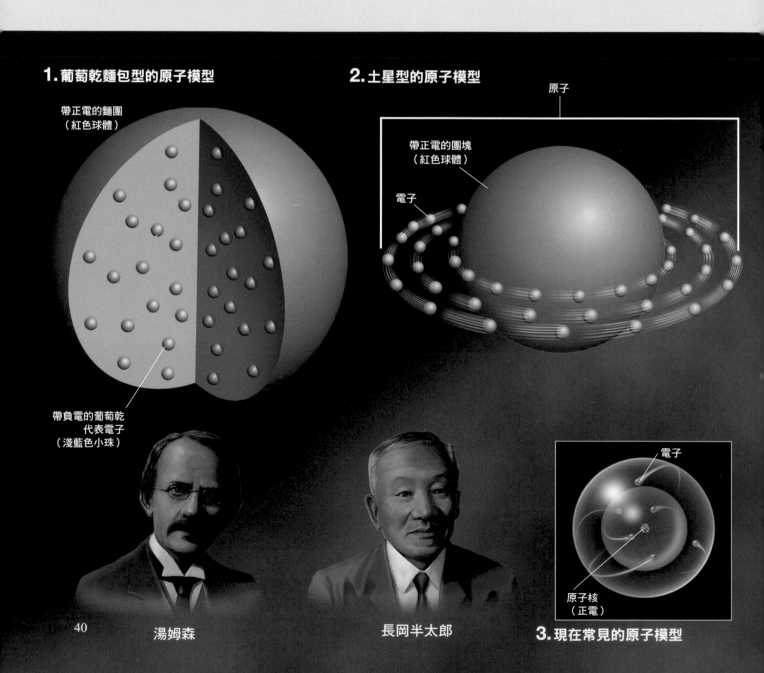

1. 葡萄乾麵包型的原子模型

帶正電的麵團
(紅色球體)

帶負電的葡萄乾
代表電子
(淺藍色小珠)

湯姆森

2. 土星型的原子模型

原子

帶正電的團塊
(紅色球體)

電子

長岡半太郎

電子

原子核
(正電)

3. 現在常見的原子模型

未獲得支持。主要的理由如下。

土星型模型的疑點

　　請回想一下第29頁談到的天線。電磁波（亦即光）會使帶著電荷的粒子振動；相反地，**帶著電荷的粒子振動時，這個粒子會放出光（4）**。這個關係就類似於：水面上的球會被水波搖晃；相反地，以手指搖晃球則會產生水波（5）。在平面上沿著軌道轉動，相當於同時在兩個互相垂直方向振動，因而如果電子持續轉動，就會一直發光。

　　因為電子釋出了光的能量，所具有的能量便會減少。這麼一來，電子的軌道就會越來越接近原子核，也就是說，**電子會沿著螺線形軌道往中心接近（6）**。這個情形就類似於人造衛星會因為與稀薄空氣摩擦而損失能量，高度逐漸降低。以上所述，是依據當時已經完成的「電磁學」所推導出來的結論。

　　但是，**實際的原子並沒有持續放出光，所以也沒有電子沿著螺線形軌道往原子中心接近的情形**。因為存有這些疑問，所以土星型原子模型未能獲得支持[※]。

※：長岡也明白這種原子模型的疑點，因此主張土星型的電子軌道只要按規則配置就不會放出光，並非隨意配置。但由於論述不夠充分，知名度也不足，終究未能受到接納。

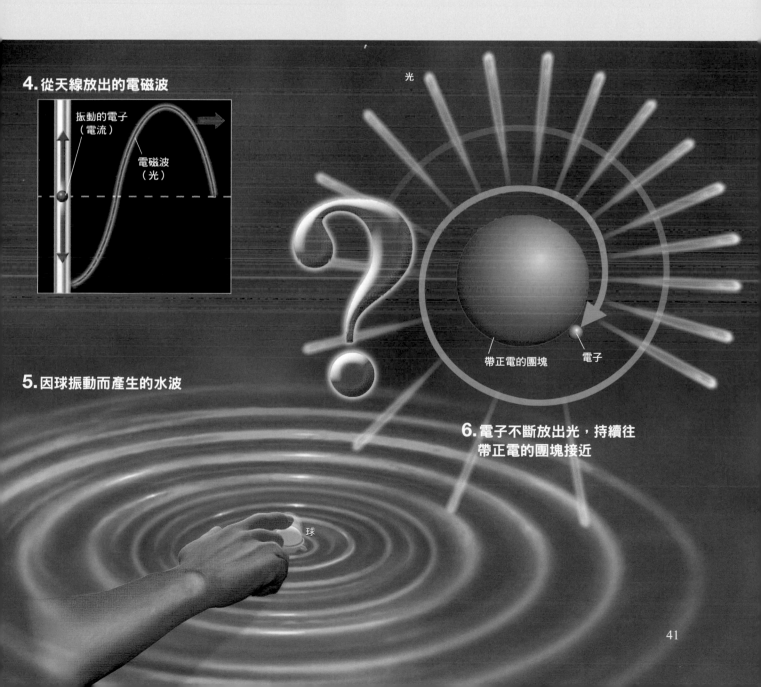

4. 從天線放出的電磁波

振動的電子
（電流）

電磁波
（光）

光

帶正電的團塊　　電子

5. 因球振動而產生的水波

球

6. 電子不斷放出光，持續往帶正電的團塊接近

正電緊密集中於原子中心的小區域

1909年，透過實驗得知，原子的中心有個半徑非常小的帶正電團塊。這項實驗是利用 α 射線（阿爾法射線）照射金屬箔片，再分析後來 α 射線如何行進（1）。α 射線是鈾等放射性物質放射出來的一種放射線，是帶正電的「α 粒子」的流束。當撞擊螢光板會發光，所以能夠顯示它飛到了什麼地方。

由於 α 粒子是帶著正電，所以預估它會和金屬箔片之原子中的正電互相排斥，因而改變軌道。根據這個軌道的變化，可以探究原子中的正電如何分布。

倘若按葡萄乾麵包型原子模型的主張，正電像雲一樣遍布於整個原子，照理說 α 粒子不太會改變行進的路徑（2）。但經實驗結果顯示，雖然大部分 α 粒子是直線前進，但路徑大幅轉彎的粒子比想像中還多。甚至有幾乎要往正後方折回來的粒子。

紐西蘭出生的物理學家拉塞福（MAP-H）分析該實驗的結果，做出以下的結論：「正電集中於原子中心的極小區域」。這個想法能夠圓滿地說明實驗的結果（3、4）。這個帶著正電的團塊就是現在所稱的「原子核」，直徑只有原子直徑的大約1萬分之1以下。

根據這項實驗的結果，**葡萄乾麵包型的原子模型遭到了否定**。因此，拉塞福提出了類似太陽系的原子模型，主張電子在小原子核的周圍繞轉（5）。這個原子模型，現在也經常看得到。不過，前頁所介紹的**土星型的原子模型**所碰到的疑點，拉塞福的原子模型也有相同的問題。這個疑點要如何解決呢？

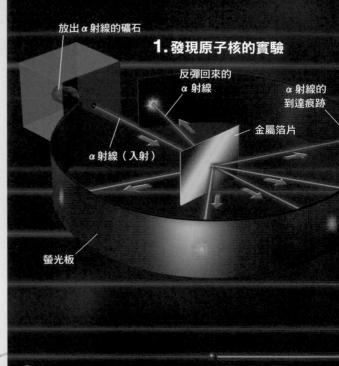

1. 發現原子核的實驗

放出 α 射線的礦石　反彈回來的 α 射線　α 射線的到達痕跡　金屬箔片　α 射線（入射）　螢光板

2. 葡萄乾麵包型原子模型所預測的 α 粒子軌跡

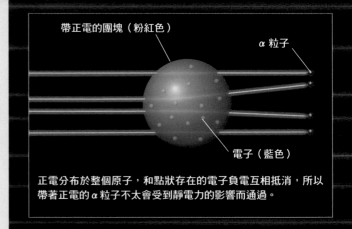

帶正電的團塊（粉紅色）　α 粒子　電子（藍色）

正電分布於整個原子，和點狀存在的電子負電互相抵消，所以帶著正電的 α 粒子不太會受到靜電力的影響而通過。

3. 假設原子中心有小正電團塊而預測的 α 粒子軌跡

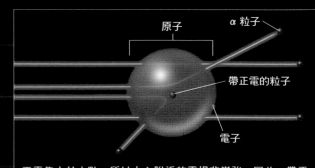

原子　α 粒子　帶正電的粒子　電子

正電集中於小點，所以中心附近的電場非常強。因此，帶正電的 α 粒子在中心附近會受到強大的斥力，甚至可能被反彈回來。原子中心的粒子遠比 α 粒子重，也是 α 粒子會反彈回來的重要因素。

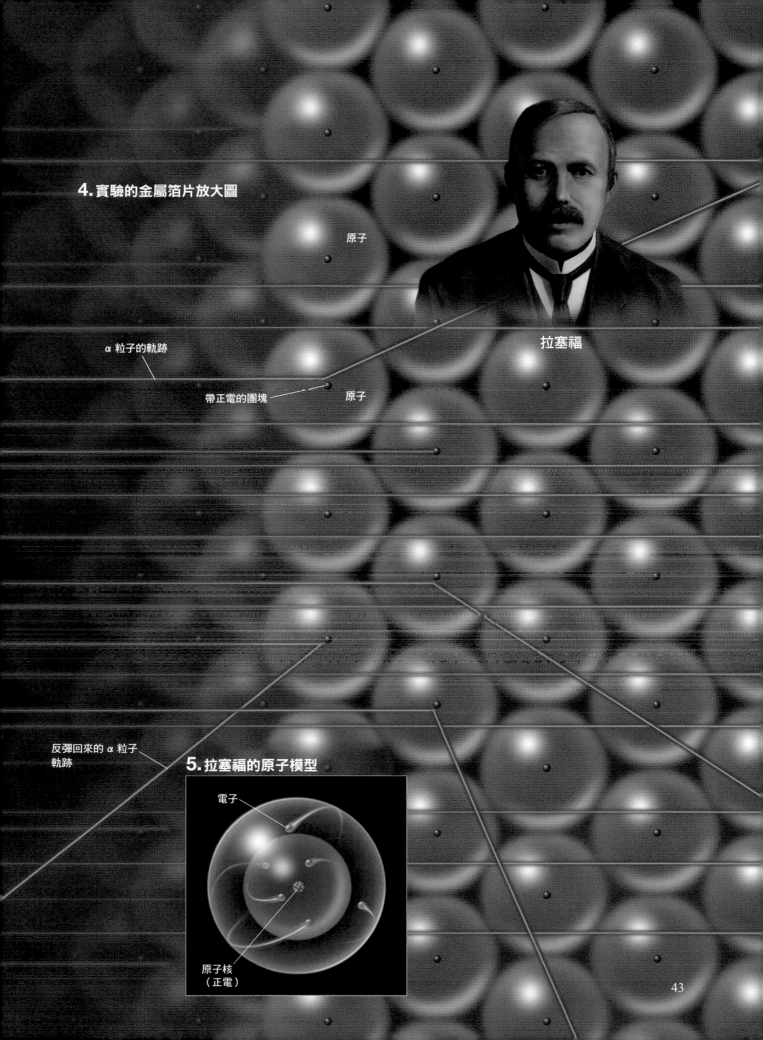

4. 實驗的金屬箔片放大圖

原子

拉塞福

α 粒子的軌跡

帶正電的團塊　　原子

反彈回來的 α 粒子
軌跡

5. 拉塞福的原子模型

電子

原子核
（正電）

43

電子等物質粒子也具有波的性質！

1923年，法國物理學家德布羅意 [MAP-I] 發表了一個劃時代的創見，解決了拉塞福原子模型的疑點。德布羅意主張「**電子等物質粒子也具有波的性質**」，此乃電子「波粒二象性」（第22頁）的第一個提案。這種波稱為「物質波」[MAP-6] 或「德布羅意波」，而該主張違反了當時的常識，因為當時認為電子是單純的粒子。

水面波是眾多水分子振動而造成。但是電子波並不是因「**眾多電子聚集而成為波**」（1），也不是「**電子一邊波動一邊前進**」的意思（2）。德布羅意是指「**個別的電子具有波的性質**」。「電子是波」代表什麼意思呢？這一點是本書最核心的部分，將會在第2章做詳細的說明。

從愛因斯坦得到靈感的創見

德布羅意受到愛因斯坦對光子想法的啟發。大家原本就知道光具有波的性質，後來又知道它也具有粒子的性質。光好像一面為黑、一面為白的黑白棋子（3）。很長一段時間，人們只知道正面的波性質，直到愛因斯坦才發現它還有背面的粒子性質。德布羅意認為電子也是這樣，人們只知道電子具有正面的粒子性質，但電子應該還具有背面的波性質（4）。

構成「物質」的電子竟然具有波的性質，這是一個極具衝擊性的想法。當時的世人認為，波是由眾多粒子造成的「現象」，而且，如果把物質一再分割，最後會出現再也無法分割下去的粒子。但實際上卻不是這樣，而是出現了兼具粒子和波性質的奇妙東西。在下一頁，將介紹利用電子波這個想法建立的原子模型。

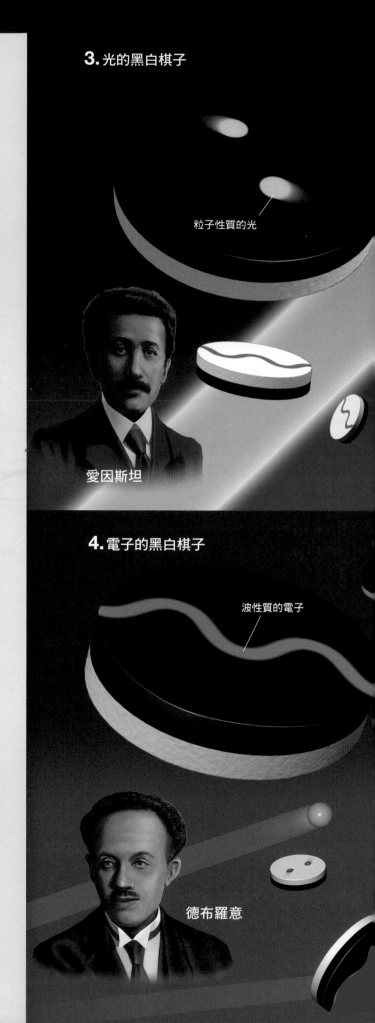

3. 光的黑白棋子

粒子性質的光

愛因斯坦

4. 電子的黑白棋子

波性質的電子

德布羅意

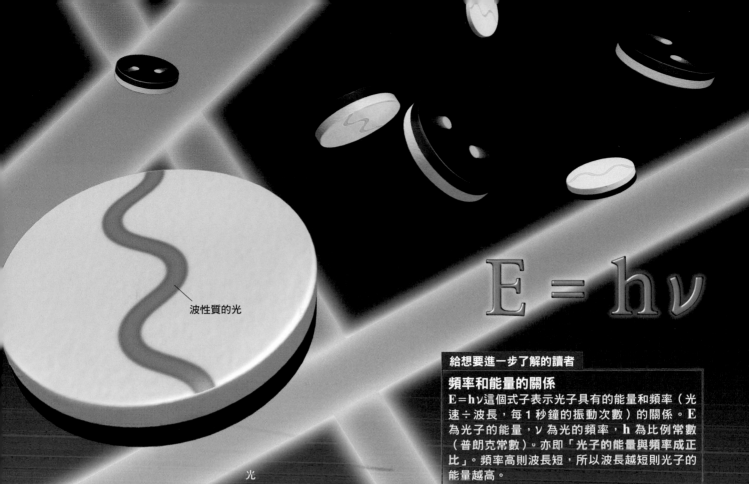

波性質的光

光

$$E = h\nu$$

頻率和能量的關係

E＝hν這個式子表示光子具有的能量和頻率（光速÷波長，每1秒鐘的振動次數）的關係。E為光子的能量，ν為光的頻率，h為比例常數（普朗克常數）。亦即「光子的能量與頻率成正比」。頻率高則波長短，所以波長越短則光子的能量越高。

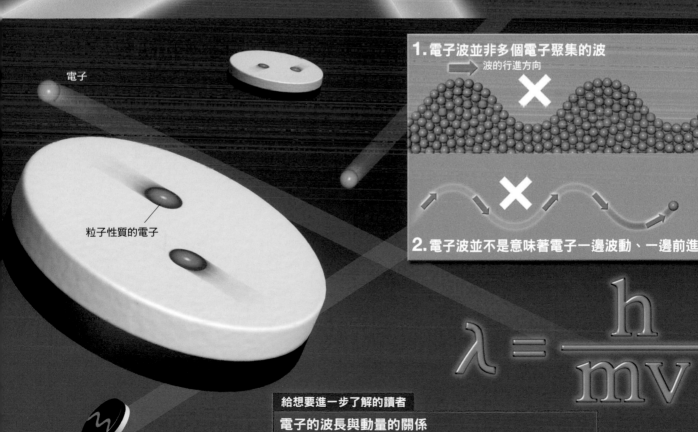

電子

粒子性質的電子

1. 電子波並非多個電子聚集的波

波的行進方向

2. 電子波並不是意味著電子一邊波動、一邊前進

$$\lambda = \frac{h}{mv}$$

電子的波長與動量的關係

上方的式子表示電子的波長與動量的關係。λ為電子的波長，m為電子的質量，v為電子的速度，mv即為電子的動量。h為比例常數（普朗克常數）。亦即「電子的波長與電子的動量成反比」。

45

量子論的原子模型

在這裡介紹一個依據拉塞福的原子模型，融合了丹麥物理學家波耳（MAP-J）和德布羅意創見而建立的「量子論的氫原子模型」吧！氫原子是由一個電子和原子核（一個質子）組成的構造最簡單的原子。

拉動小提琴的弦而產生聲波時（1），弦的兩端用卡扣固定住，卡扣的部分無法振動，往右行進的波碰到卡扣會被反射，結果往左的反射波與往右的入射波疊加在一起，所形成的波形通常會很複雜。但若波長適當，則便可形成46頁左上圖所示隨時間單純振動的簡單波形，稱為駐波※。

「量子論的氫原子模型」主張電子不是繞著圓形軌道運轉的粒子，而是類似在圓形的弦（軌域）上傳播的波（2～4）。類似於弦長決定波長的數值，電子波軌域的圓周長度，也跟電子波的波長有關。在原子模型中，軌域的圓周長恰好為波長的整數倍時，波便能以單純的形式完整環繞圓周存在，並恆久地以逆時針或順時針的方向傳播（第47頁圖）。也就是說，電子波能夠存在的軌域，必須是圓周長等於波長1倍、2倍、3倍等等。換句話說，**原子中的電子的軌域半徑數值是離散的（不連續的）。**

依據這個模型，電子只能夠存在於特定的軌道上。但是人造衛星的軌道很自由，高度500公里或501公里也可以（5），因為人造衛星是巨觀物體。

由此可知，**電子如果想轉換軌道，只能在軌道間跳躍才行。**不能像第41頁的6般「持續放出光，逐漸往原子中心接近」，從某個軌道上，沿著連續性的螺旋狀軌道，逐漸接近原子的中心。總而言之，依據量子論的原子模型，電子不會連續性地放出光而逐漸接近原子中心。這個論述可以克服拉塞福原子模型的問題點。

不過，這個氫原子模型是依據仍在發展中的量子論而建立，嚴格來說，仍然不能算是正確的原子模型。但是，它把電子當成波來思考，因而成功地說明了各式各樣的現象，已經可以說是歷史上一個相當重要的原子模型。

※：駐波中有完全不振動的點，以及振動最劇烈（振動幅度最大）的點，分別稱為波節與波腹。最單純的波形有2個波節、1個波腹；其次有3個波節、2個波腹，依此類推。歸納起來，波節和波腹都是整數個，而相鄰波節（或波腹）之間的間隔等於半個波長。因此，圖中弦波的波長與弦長的比值，分別等於2/1、2/2、2/3、2/4等整數比。

1. 弦樂器的波　　　　註：箭頭所指處為波節（不振動的地方）

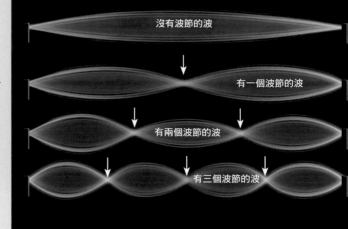

沒有波節的波

有一個波節的波

有兩個波節的波

有三個波節的波

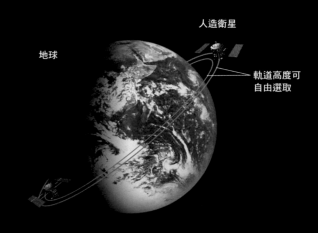

人造衛星

地球

軌道高度可自由選取

5. 人造衛星可自由選取軌道的高度

電子的波長與軌道的半徑

如果電子的波長能夠變化，使得波長的整數倍與圓周長一致，那麼電子就能在任何軌域中存在。但事實上，電子的波長並不能自由地變化。一旦確定了軌域的半徑，電子的能量便會跟著確定。這麼一來，依據第45頁的「$\lambda = h/mv$」（λ：電子的波長，mv：電子的動量，h：普朗克常數）這個公式，電子的波長也會跟著決定。亦即，軌域的半徑一旦確定，電子的波長也會隨之確定。

註： 波在虛線外側的部分為「波峰」，
在虛線內側的部分為「波谷」。

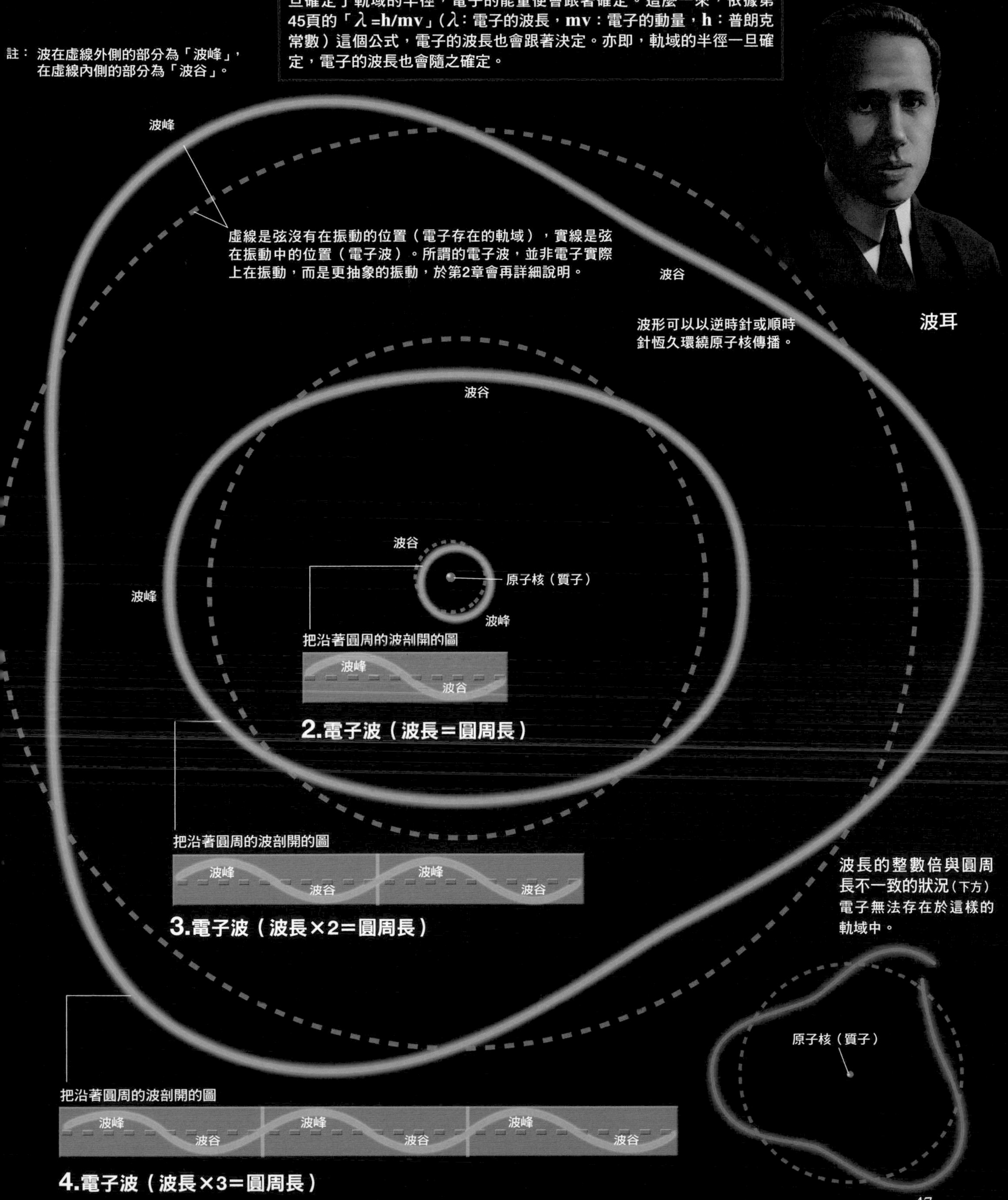

波峰

虛線是弦沒有在振動的位置（電子存在的軌域），實線是弦在振動中的位置（電子波）。所謂的電子波，並非電子實際上在振動，而是更抽象的振動，於第2章會再詳細說明。

波谷

波形可以以逆時針或順時針恆久環繞原子核傳播。

波耳

波谷

波谷

原子核（質子）

波峰

波峰

把沿著圓周的波剖開的圖

波峰

波谷

2.電子波（波長＝圓周長）

把沿著圓周的波剖開的圖

波峰 波峰

波谷 波谷

3.電子波（波長×2＝圓周長）

波長的整數倍與圓周長不一致的狀況（下方）電子無法存在於這樣的軌域中。

原子核（質子）

把沿著圓周的波剖開的圖

波峰 波峰 波峰

波谷 波谷 波谷

4.電子波（波長×3＝圓周長）

47

電子會放出、吸收光子而在軌道間跳躍

前頁所介紹的量子論原子模型，是把電子當成波來思考，所以**電子能夠存在的軌域會成為離散式的**。利用這個模型能夠非常圓滿地說明原子放出、吸收光的現象。

當球從某個高度落下（1），掉落的位置越高，落地的速度越快。亦即球的位置越高則能量越大。**氫原子也是一樣，越靠外側的軌域，其能量越大（2）**。

電子通常待在能量最小的軌域上。這個狀態稱為「基態（基底狀態）」。處於基態的電子有時候會吸收外來的光子，然後利用這個能量跳到能量較大的上一個軌域（3）。這個狀態稱為「受激態」。這個時候，**電子只吸收能量相當於軌域能量差的光子**。

受激態可以說是原子一時的興奮狀態，無法維持長久。不久之後，電子就會回到基態的軌域。這個時候，**它會放出能量相當於軌域能量差的光子（4）**。

量子論的原子模型的有力證據

由於電子的軌域是固定的，所以軌域間的能量差也是固定的。也就是說，氫原子（電子）所吸收、放出的光子的能量也是固定的。亦即**「氫原子只會吸收、放出能量剛好和軌域間能量差相同的光子」**。

實際上觀測氫氣吸收、放出光的結果（5），與根據這個模型預測的光的能量（波長、顏色）完全一致。這個事實被視為電子是波的有力證據。

不過，前頁也提到，嚴格來說，這個模型並不正確。更正確的量子論的原子模型是如 6 所示的模型。實際的電子的軌道並非沒有厚度的單純球面，而是呈三維分布。

1. 越高的位置，能量越大

球具有的能量大

球具有的能量小

快　　慢

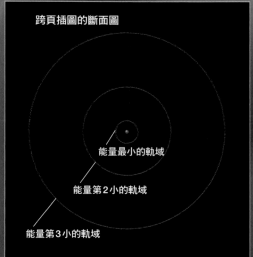

跨頁插圖的斷面圖

能量最小的軌域

能量第2小的軌域

能量第3小的軌域

2. 越靠外側之軌域的能量越大

給想要進一步了解的讀者

利用量子論說明各種「顏色」
各種元素的原子放出、吸收的光的波長（能量）也能夠利用此頁的機制來解釋。例如，鈉會發出黃色的光，是因為鈉原子的電子在特定軌域間跳躍時，兩個軌域的能量差相當於黃色光的能量。此外，物體的顏色是物體表面的原子或分子吸收了陽光或照明光的一部分，並把其他部分的光反射而產生。葉子看起來是綠色，是因為葉子中的分子反射綠色的光，而吸收其餘的光的緣故。

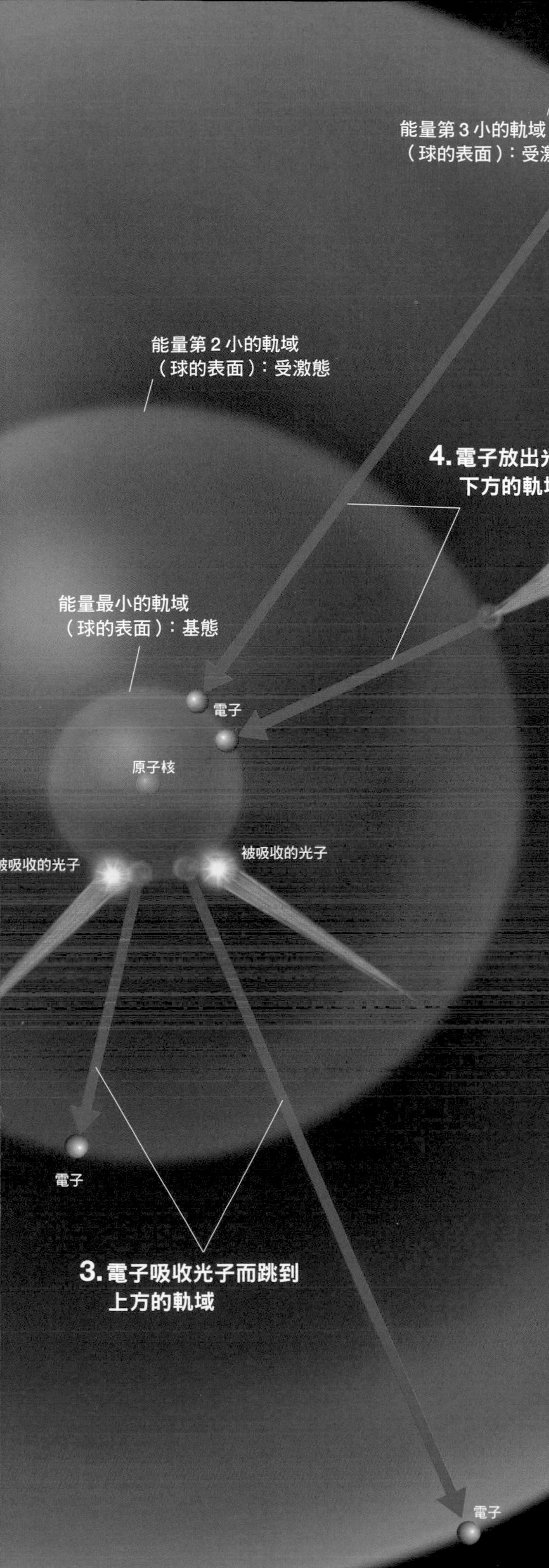

能量第3小的軌域
（球的表面）：受激態

被放出的光子

註：本頁插圖與前頁不同，本頁是把電子以粒子的形式呈現。電子如前頁所示具有波的性質，但也具有粒子的性質。

能量第2小的軌域
（球的表面）：受激態

4.電子放出光子而跳到下方的軌域

能量最小的軌域
（球的表面）：基態

電子

原子核

被放出的光子

5.氫原子發出的4種色光

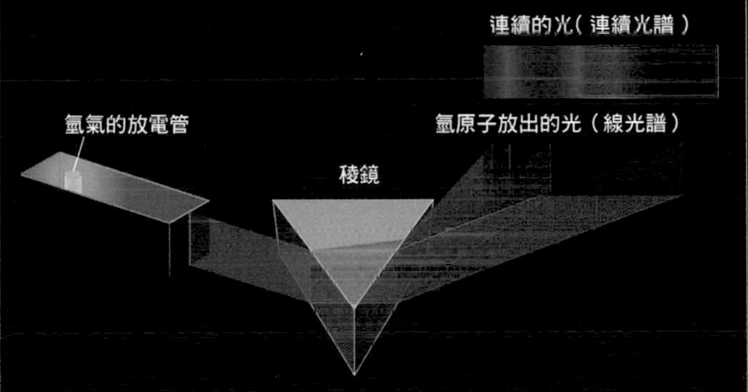

連續的光（連續光譜）

氫氣的放電管

氫原子放出的光（線光譜）

稜鏡

把電燈泡的光透過稜鏡依波長分開，會呈現連續的帶狀。如果是氫原子發出的光，則成為不連續的4色線條。

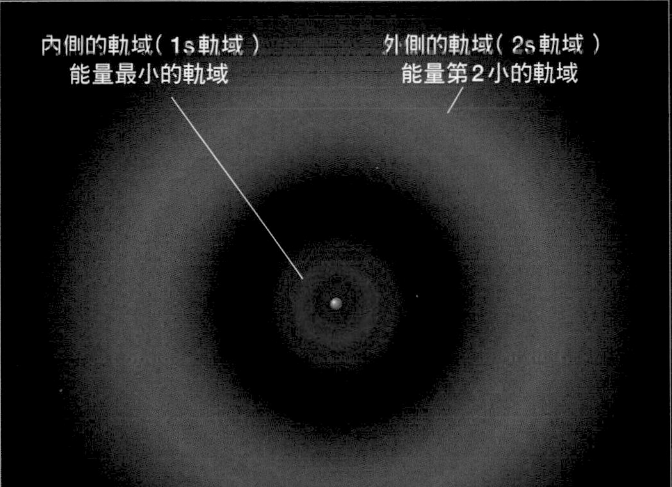

被吸收的光子

被吸收的光子

電子

3.電子吸收光子而跳到上方的軌域

內側的軌域（1s軌域）
能量最小的軌域

外側的軌域（2s軌域）
能量第2小的軌域

電子

6.更正確的原子模型的剖面圖

49

在這裡把第1章「量子論的誕生」的內容做個結論吧！微觀世界的不可思議性質漸漸真相大白了。

1 光的波動說與干涉實驗
（第24～27頁）

　　楊格用雙狹縫所進行的實驗，成功地呈現光的干涉條紋。

　　干涉條紋是波的特有性質，所以根據這個實驗的結果，使得「光＝波」的觀念在科學家之間成為「常識」。

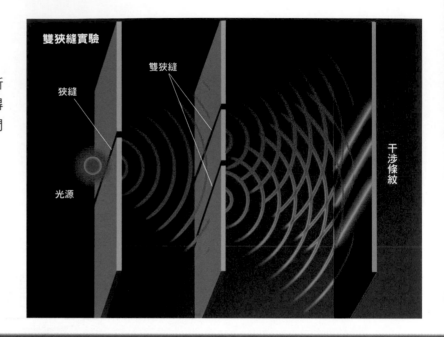

雙狹縫實驗

狹縫

雙狹縫

光源

干涉條紋

2 兼具波性質與粒子性質的「光子」
（第30～37頁）

　　愛因斯坦認為光同時具有波和粒子的性質（波粒二象性），並稱之為「光量子」。現在又稱為「光子」。

　　光子既不是波，也不是粒子。在干涉實驗中，會表現出像波一樣的現象；在光電效應中，則表現出粒子般的現象。光子就是這種既不是波、也不是粒子的奇妙東西。

　　如果沒有光子的想法，就無法說明在晚上能立刻看到星星的理由，也無法說明晒傷的原因。

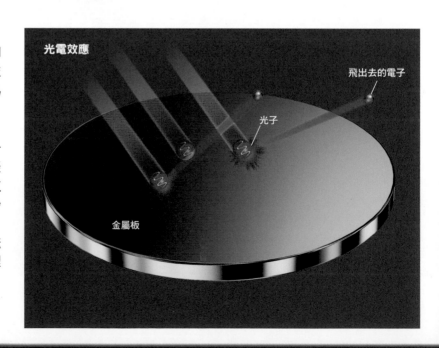

光電效應

飛出去的電子

光子

金屬板

3 原子模型的謎團
（第40～43頁）

拉塞福證明了原子中心有帶正電的極小團塊存在。這個非常小的團塊現在稱之為「原子核」。

拉塞福提出「電子在小小的原子核周圍繞轉」的原子模型。但是，這個原子模型留下了未解的謎團。因為根據電磁學的原理，繞轉的電子應該會持續放出電磁波（光），而逐漸朝中心接近掉落。這一點和現實全然不符。

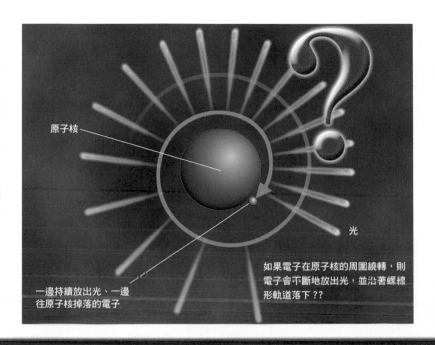

原子核

光

一邊持續放出光、一邊往原子核掉落的電子

如果電子在原子核的周圍繞轉，則電子會不斷地放出光，並沿著螺線形軌道落下？？

4 電子波和原子模型
（第44～49頁）

德布羅意從光子的「波粒二象性」得到靈感，認為電子等物質粒子也可能具有波的性質。

如果把電子當成波來思考原子模型，便可以圓滿地說明，為什麼原子中的電子往軌道中心接近時，沒有持續放出電磁波，以及氫原子只吸收、放出某特定能量（波長）的光等等事情。很顯然，電子似乎也具有波的性質。

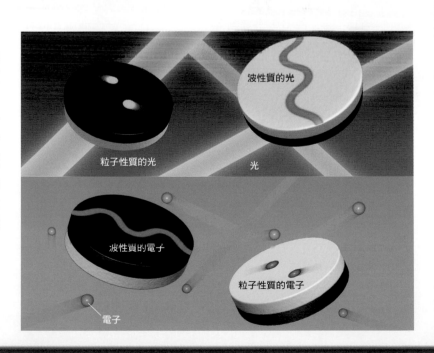

波性質的光

粒子性質的光

光

波性質的電子

粒子性質的電子

電子

從下一頁開始的第 2 章「探究量子論的核心」，將以電子為例，深入探討微觀世界的核心部分。理解的關鍵，就在於「波粒二象性」和「狀態的並存」。

探究量子論的核心

在第 2 章，要說明的重點是量子論的另一個理解關鍵：「狀態的並存」。根據量子論，在微觀世界中，「一個物體能夠同時存在於多個場所」。電子的干涉實驗的結果，讓人不得不思考電子狀態的並存。而且一旦進行觀測，就會將狀態的並存破壞掉。在第 2 章，將會探討量子論的核心部分，對這些現象提出解釋。

一個電子能夠同時存在於箱子的右側和左側

理解量子論的第二個關鍵，就是「狀態的並存」（MAP-7）※。它和第一個關鍵「波粒二象性」一樣，也是違反常識且難以理解的想法，請在這裡先掌握一下它的概念。

例如將一顆球放進箱子內（1），把箱子搖一搖，然後在正中央插入一片隔板。想當然爾，球一定是在右側或左側的某一邊吧！

接著，想像在一個虛擬小箱子裡的電子（2）。我們無法得知電子是在箱子裡的什麼地方。把隔板插入箱子後，依照常識判斷，電子應該是在左側和右側的其中一邊吧！但是根據量子論，**電子同時存在於左右兩側**。在微觀世界中，**一個物體能夠在同一時刻存在於多個場所**！

不過，我們要注意，「同時存在」這樣的表達，並不是指**電子增加為許多個**，而是指：在打開蓋子，觀測電子位於什麼地方的時候，才會確定它是在哪一側。在進行觀測前，電子位於右側的狀態和位於左側的狀態是並存的，直到進行觀測的當下，才會第一次得知是哪一種狀態被觀測到。這個時候，會觀測到哪一種狀態，只能作機率性的預測，而無法做確切的預測。

根據量子論，必須重新思考「物的存在」

上面這段論述是多麼奇妙而難以置信吧！這也是沒辦法的事。根據量子論，**我們必須拋棄常識，徹底重新思考「物的存在」這件事**。

即使箱子裡的電子在觀測後位於左側，但也不表示「電子原先就是在左側」，而是由「左右兩側共存的狀態」在觀測時變成「存在於左側的狀態」。也就是說，**觀測本身會影響電子的狀態**。實際上，有很多微觀的現象若不採取這樣的思考就無法圓滿說明。下一頁起將會再介紹幾個具體的例子。

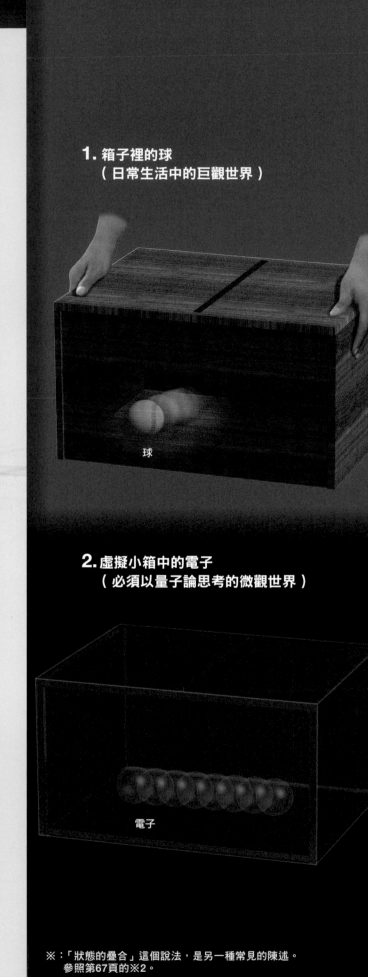

1. 箱子裡的球
（日常生活中的巨觀世界）

球

2. 虛擬小箱中的電子
（必須以量子論思考的微觀世界）

電子

※：「狀態的疊合」這個說法，是另一種常見的陳述。
參照第67頁的※2。

隔板

球在右側

從打開蓋子前球就一直是在右側

光
照射光，確認電子
的位置。

觀測前

右側裡的電子也是
並存於各個位置

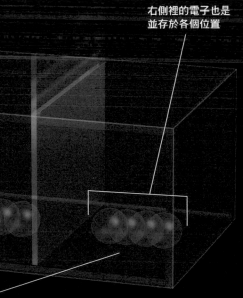

觀測後

電子

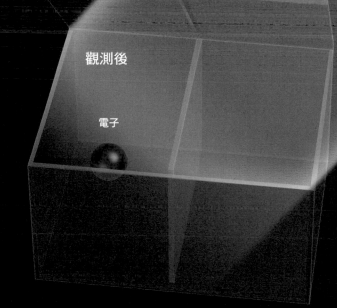

在打開蓋子前，電子同時存在於
左右兩側（狀態的並存）

確定電子位於左側
（並非從一開始就在左側）

電子也會干涉！實驗中顯現電子波的性質

　　從這裡開始要來探討「電子波是什麼東西」。「波粒二象性」、「狀態的並存」這兩個項目正是理解電子波的關鍵所在。

　　而電子的雙夾縫實驗（MAP-8）讓人不得不承認電子具有波的性質。在第26頁，我們已經說明了光的雙狹縫實驗，**事實上，如果電子也施行雙狹縫實驗的話，也會和光一樣產生干涉條紋（1）！**在發射電子的「電子鎗」前方，放一塊開有兩道狹縫的板子。在板子的前方，放一片屏幕（感光板或螢光板），如果有電子撞上屏幕就會留下痕跡。進行這項實驗時，電子是逐一發射的。

　　因為實驗時的電子在真空腔內，飛行時間短且速度快，可以忽略阻力和重力的影響。如果電子是單純的粒子，它只會直線前進。無論發射多少次電子，都只有狹縫前方附近會留下電子抵達的痕跡（2）！**但若是一再發射電子持續進行實驗，就會看到干涉條紋逐漸呈現。**而若發射夠多的電子，就會產生明顯的干涉條紋（3）。

電子和光子既不是單純的粒子，也不是單純的波

　　只發射一個電子，會在屏幕上留下一個點狀痕跡。**光看這個結果，會認為電子是粒子。**但只要一再發射電子，就會在屏幕上產生干涉條紋，所以如果把電子當成單純的粒子來思考，便無法圓滿地說明這個實驗的結果。亦即，**多發射幾次電子，電子的波性質就會顯現出來。**

　　有的時候看起來是粒子，有的時候看起來是波。但是，它既不是單純的粒子，**也不是單純的波。**電子（微觀粒子）是如此神奇的存在。它違反了日常的常識，也許會讓人覺得混亂。在下一頁，將對這個實驗做進一步的探討。

1. 使用雙狹縫施行電子的干涉實驗

加熱的金屬線

電子鎗
把金屬線導通電流加熱後電子會飛出來。電子鎗利用電壓把這些電子加速，再發射出去。採用陰極射線管的電視，就是從電子鎗發射電子撞擊螢光幕，使其發光而產生畫面。

＊在此作一個非常重要的補充。光也能夠利用逐一發射光子的方法實施干涉實驗。而**光子也和電子一樣，持續發射光子會產生干涉條紋！**（第38～39頁）。這就是不能把光子當成單純的粒子的理由。接下去會透過電子的干涉實驗探究量子論的核心，但基本上光子及其他微觀粒子（質子、原子核、小分子等）也會發生同樣的事情，這一點請各位務必牢記。

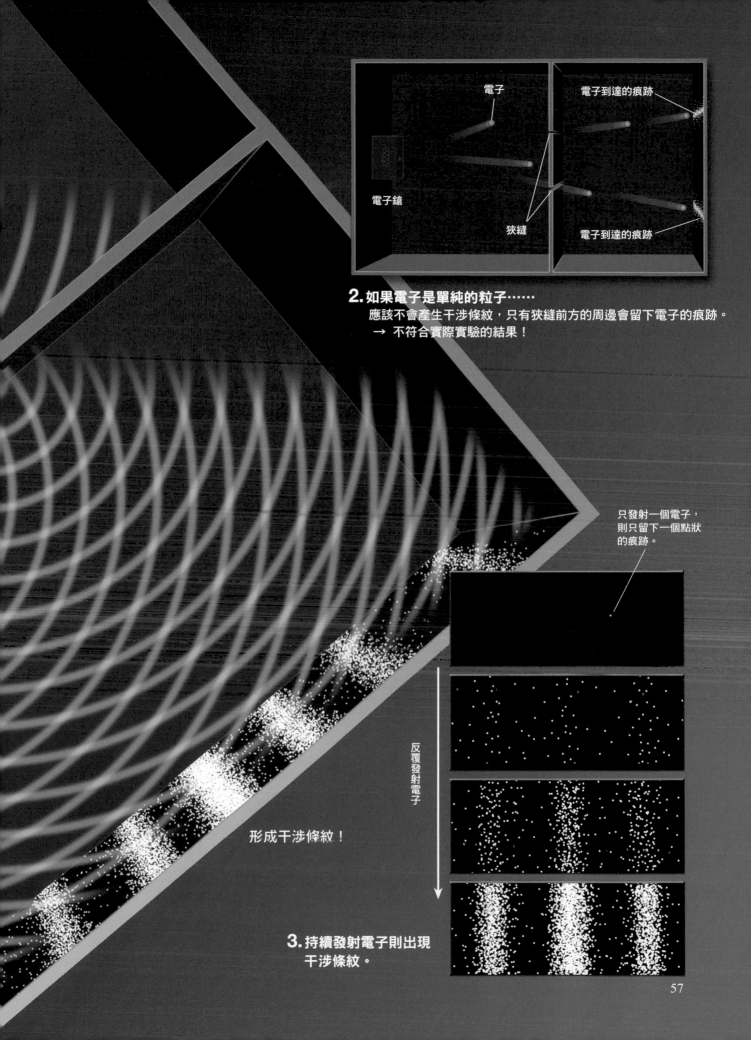

電子

電子到達的痕跡

電子鎗

狹縫

電子到達的痕跡

2.如果電子是單純的粒子……
應該不會產生干涉條紋，只有狹縫前方的周邊會留下電子的痕跡。
→ 不符合實際實驗的結果！

只發射一個電子，
則只留下一個點狀
的痕跡。

反覆發射電子

形成干涉條紋！

**3.持續發射電子則出現
干涉條紋。**

57

電子波表示「電子的發現機率」

所謂「電子波」，究竟是什麼呢？根據量子論，「電子波」和「電子的發現機率」有關。雖然這裡採用「波」這個名詞，但並不是指某種物質的振動。1926年，德國物理學家玻恩（MAP-K）率先提出了這個「機率詮釋」。

使用多個處於完全相同狀態的電子，反覆多次觀測其位置，可以得知會以多大的機率發現電子存在於哪個位置。這個實驗所呈現出來的結果稱為「電子（在各個位置）的發現機率」。

閱讀以下文章時，請對照本頁下方插圖。圖1的曲線橫座標是電子的位置，縱座標是對應位置上之電子波在某瞬間之觀測值（即波函數的函數值）。請注意：觀測值有正、有負。波在各位置的觀測值之絕對值，是該處的波之振幅。因此，圖1中的波峰和波谷振幅相同。電子波在某個位置的振幅越大，在該點發現電子的機率越高（1）。亦即，在波峰和波谷處，電子被發現的可能性最高；在振幅為 0 的點，電子被發現的可能性為 0。

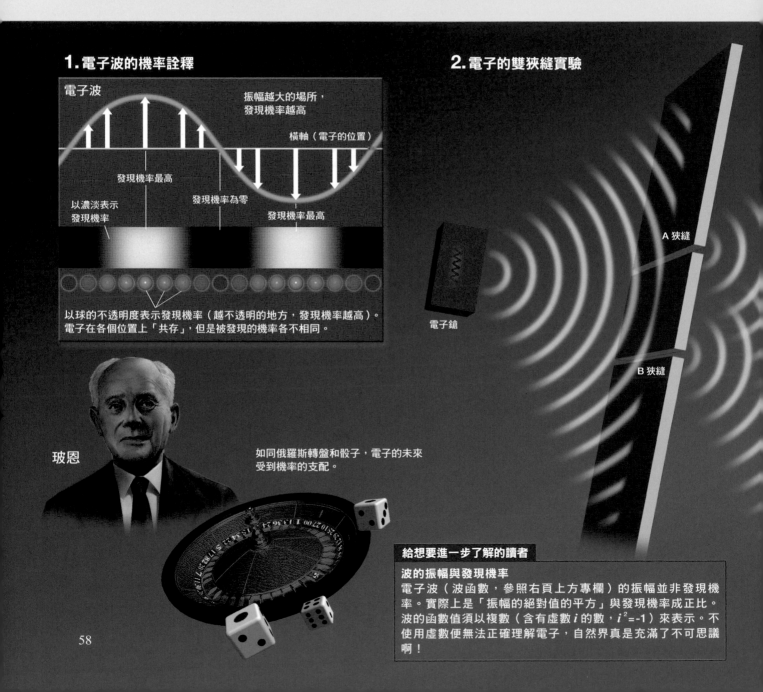

1. 電子波的機率詮釋

電子波

振幅越大的場所，發現機率越高

橫軸（電子的位置）

發現機率最高

以濃淡表示發現機率

發現機率為零

發現機率最高

以球的不透明度表示發現機率（越不透明的地方，發現機率越高）。電子在各個位置上「共存」，但是被發現的機率各不相同。

玻恩

如同俄羅斯轉盤和骰子，電子的未來受到機率的支配。

2. 電子的雙狹縫實驗

A 狹縫

電子鎗

B 狹縫

給想要進一步了解的讀者

波的振幅與發現機率

電子波（波函數，參照右頁上方專欄）的振幅並非發現機率。實際上是「振幅的絕對值的平方」與發現機率成正比。波的函數值須以複數（含有虛數 i 的數，$i^2=-1$）來表示。不使用虛數便無法正確理解電子，自然界真是充滿了不可思議啊！

電子會在什麼地方被發現純屬「偶然」

　　讓我們依據這個想法，再度思考電子的雙狹縫實驗吧（2）！電子以波的形式朝狹縫前進，通過狹縫A和B而成為兩個波（3）。**在狹縫前方，兩個波並存。**通過A狹縫的波和通過B狹縫的波互相干涉而抵達屏幕。

　　屏幕上，由於干涉使得波增強的點，振幅會增大，導致電子的發現機率提高（4）。另一方面，由於干涉使得波減弱的點，振幅會減小，導致電子的發現機率降低（5）。振幅完全為0的點，電子的發現機率為0。

　　電子波抵達屏幕時，會在屏幕上的某個點留下電子抵達的痕跡。如果電子鎗後來持續發射電子，則波增強而發現機率提高的地方會有較多電子抵達，波減弱而發現機率降低的地方會有較少電子抵達，因此在發射許多電子之後會顯現出干涉條紋（6）。

　　那麼，能夠預測某一個特定電子會抵達屏幕的什麼地方嗎？如果電子是像棒球一樣單純的粒子，在原理上應該能夠預測抵達的位置（參照第6頁）。但是根據量子論，雖然我們能夠藉由計算波的振幅而得知發現機率，例如像「電子會以10％的機率出現在這裡」之類的，但若要預測「確實會出現在這裡」，原理上絕不可能。**電子的未來運動受到機率的支配，絕不可能正確地預測！**

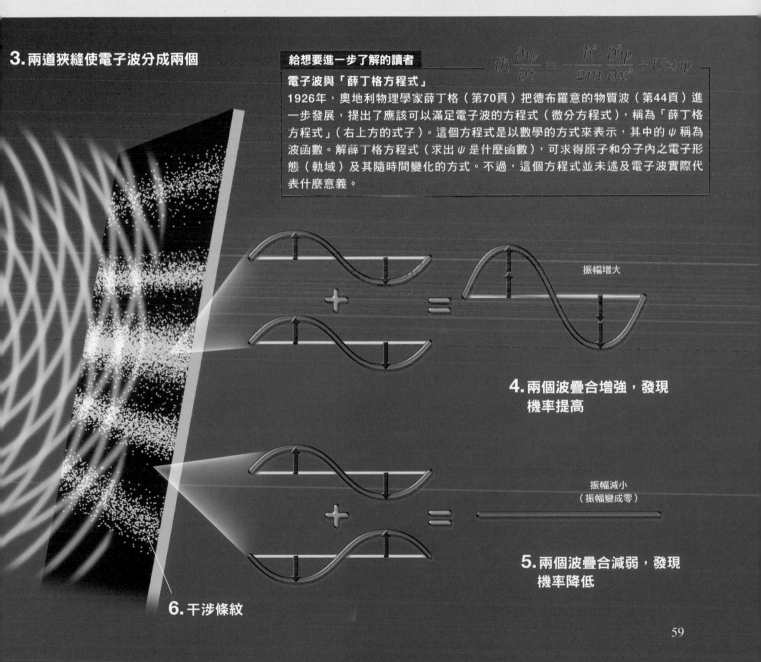

3.兩道狹縫使電子波分成兩個

給想要進一步了解的讀者

電子波與「薛丁格方程式」
1926年，奧地利物理學家薛丁格（第70頁）把德布羅意的物質波（第44頁）進一步發展，提出了應該可以滿足電子波的方程式（微分方程式），稱為「薛丁格方程式」（右上方的式子）。這個方程式是以數學的方式來表示，其中的 ψ 稱為波函數。解薛丁格方程式（求出 ψ 是什麼函數），可求得原子和分子內之電子形態（軌域）及其隨時間變化的方式。不過，這個方程式並未述及電子波實際代表什麼意義。

$$ih\frac{\partial \psi}{\partial t} = -\frac{h^2}{2m}\frac{\partial^2 \psi}{\partial x^2} + U(x)\psi$$

振幅增大

4.兩個波疊合增強，發現機率提高

振幅減小
（振幅變成零）

5.兩個波疊合減弱，發現機率降低

6.干涉條紋

如果進行「觀測」，電子波會縮成一點

在電子的雙狹縫實驗當中，為什麼電子只有在屏幕上的一點留下痕跡（被觀測到）呢？照理來說，**電子在屏幕上的任何地方都有可能被發現**。以下依據機率詮釋的概念予以說明！

在即將抵達屏幕之前，電子波散布於整個屏幕（1、2）。因為是在屏幕上的一點觀測到它，所以在這個瞬間，電子的波函數「塌縮」成沒有寬度的針狀曲線（3）。電子的波函數與發現機率有關，因此**沒有寬度的針狀曲線即意味著確實會在那一點被發現**。

以針狀曲線呈現的波，其實就相當於粒子。因為粒子也是確實會在某一點被發現的東西。也就是說，「**如果進行觀測，則電子波會縮小分布範圍，呈現出電子的粒子形式**」。由於觀測，使得原來的波只留下針狀的分量而消失了。以上這種融合「機率詮釋」和「波函數的塌縮」的想法，獲得了在哥本哈根（4）活躍的波耳等人的支持，所以被稱為「哥本哈根詮釋」(MAP-9)。

至今仍留下未解之謎的哥本哈根詮釋

通常，觀測裝置（此處是屏幕）是電子無法相比的龐然大物（巨觀物體）。哥本哈根詮釋主張「**電子波與巨觀物體發生交互作用會使波的分布範圍塌縮**」。巨觀物體並不會像電子一樣發生干涉之類的量子論效應（5）。雖然不是「近朱者赤」，但是電子會因為撞擊不顯示波性質的巨觀物體，而失去波的性質。**為什麼和巨觀物**

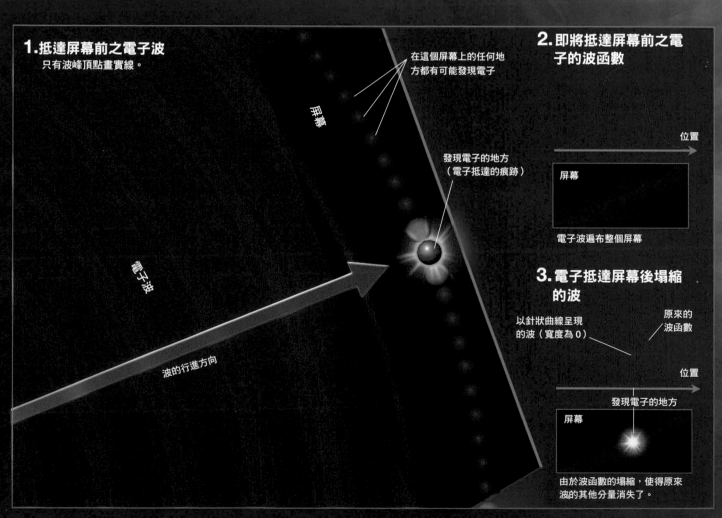

1. 抵達屏幕前之電子波
只有波峰頂點畫實線。

在這個屏幕上的任何地方都有可能發現電子

屏幕

發現電子的地方
（電子抵達的痕跡）

電子波

波的行進方向

2. 即將抵達屏幕前之電子的波函數

位置

屏幕

電子波遍布整個屏幕

3. 電子抵達屏幕後塌縮的波

以針狀曲線呈現的波（寬度為 0）

原來的波函數

位置

發現電子的地方

屏幕

由於波函數的塌縮，使得原來波的其他分量消失了。

體發生交互作用，電子波就會塌縮呢？至今仍是一個未解之謎。

　　雖然留下了「為什麼波的分布範圍會塌縮呢？」、「塌縮前之波的其他分量，在塌縮後消失到哪裡去了？」等諸多謎題，但量子論對於後來許多科學技術領域的發展貢獻良多（第96頁等）。量子論對於一個電子的行為，只能以機率加以預測，但是**對於龐大數量的電子集合體則能正確地預測**。這就如同在投擲骰子的時候，能夠正確預測投 1 萬次中投出偶數的機率為50％。也就是說，量子論在處理電子及原子等的集合體上，能夠做出非常正確且實用的預測。姑且不論哥本哈根詮釋是否可信，許多科學家確實是把這個詮釋做為實用上的便利手法。

丹麥
（綠色）

4. 哥本哈根

5. 越大的（巨觀）物體，越無法顯現量子論的效應

量子論的效應明顯呈現
（微觀世界）

量子論的效應幾乎消失
（巨觀世界）

10^{-15}m　　　10^{-10}m　　　10^{-5}m　　　1 m

對象的尺寸（公尺）　　　　　　原子

電子
10^{-18}公尺以下
（大小不明）

原子核
10^{-14}公尺程度
（1000億分之1毫米程度）

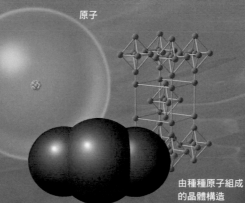

二氧化碳分子

由種種原子組成的晶體構造

原子、分子
10^{-10}公尺程度
（1000萬分之1毫米程度）

淋巴球
細胞
10^{-5}公尺程度
（0.01毫米程度）

人
1公尺程度

一個電子通過兩道狹縫

再從另一個面向來驗證電子的雙狹縫實驗吧！一個電子從電子鎗發射出來後，成為波而同時通過 A 狹縫和 B 狹縫，打個比方，這就好像同時通過兩個房間之間的兩扇門，移動到隔壁的房間（1）。真的會有這樣的事情嗎？

不同時通過兩道狹縫，就無法產生干涉條紋

那麼，如果我們以確認電子是通過哪一道狹縫為前提，實施相同的實驗，會產生什麼結果呢？

在 A 狹縫和 B 狹縫的旁邊裝設觀測裝置，以便偵測通過狹縫的電子（2）。**有趣的是，施行這樣的實驗的結果，竟然沒有產生干涉條紋**[※]！讓我們利用前頁介紹的**哥本哈根詮釋**，來思考這個現象看看。

如果 B 狹縫旁邊的觀測裝置偵測到電子，則電子波會因為觀測而塌縮，呈現粒子的樣貌。直到即將抵達狹縫板之前，電子波散布的範圍始終涵蓋了 A 狹縫一帶。但是這個波因為觀測而塌縮，導致理應通過 A 狹縫的電子波突然消失了。也就是說，電子只有通過 B 狹縫。若要發生干涉，必須有通過 A 狹縫和波和通過 B 狹縫的波同時存在才行，所以在這種狀況下，就不會發生干涉。此時在屏幕上形成的電子分布，和各把 A 狹縫、B 狹縫遮住進行實驗所形成的電子分布（3）這兩者單純合起來的結果相同。

結論就是：如果要確定電子是通過哪一道狹縫，這個行為本身（觀測）會使電子波塌縮，導致電子只會通過狹縫的其中一道，不會產生干涉條紋。

也就是說，**如果一個電子沒有同時通過兩道狹縫，就不會產生干涉條紋**。干涉條紋的產生，意味著在狹縫板的前方，電子通過 A 狹縫的狀態及通過 B 狹縫的狀態是共存著。

1. 在巨觀世界，無法同時通過兩扇門移動到隔壁房間

但是在微觀世界，一個電子能夠同時通過兩道狹縫。

※：光子如果施行同樣的實驗，也會得到相同的結果。

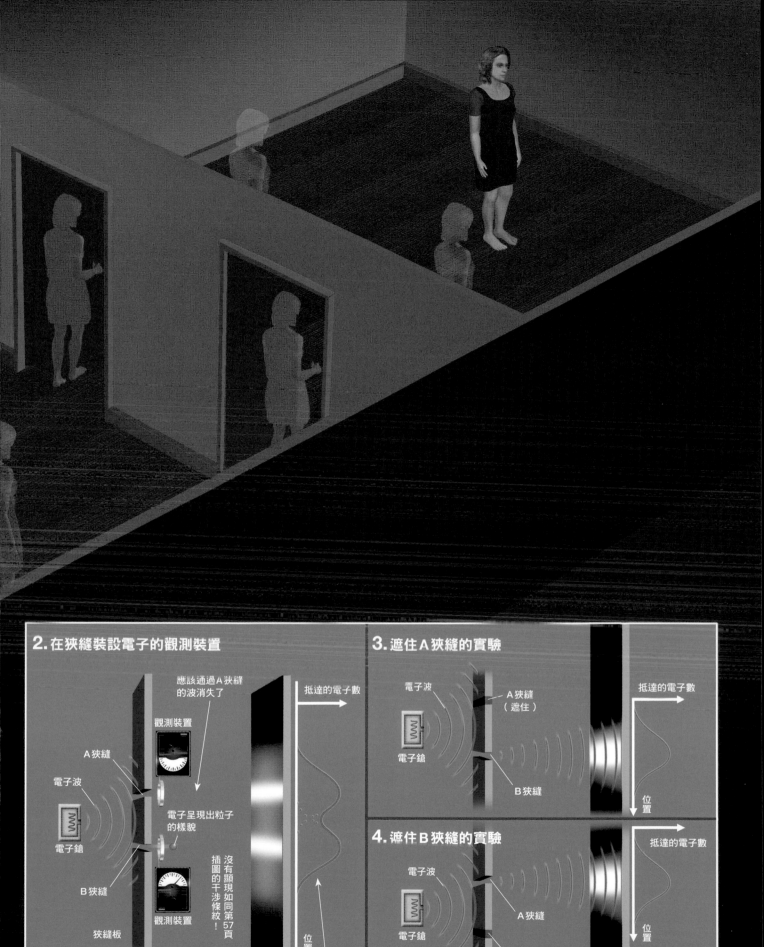

2. 在狹縫裝設電子的觀測裝置

應該通過A狹縫的波消失了

觀測裝置

A狹縫

電子波

電子槍

B狹縫

觀測裝置

狹縫板

電子呈現出粒子的樣貌

抵達的電子數

位置

沒有顯現如同第57頁插圖的干涉條紋！

這個分布和把**3.** 實驗及**4.** 實驗的電子分布合成起來相同。

3. 遮住A狹縫的實驗

電子波

電子槍

A狹縫（遮住）

B狹縫

抵達的電子數

位置

4. 遮住B狹縫的實驗

電子波

電子槍

A狹縫

B狹縫（遮住）

抵達的電子數

位置

63

Q3 電子竟然能夠同時存在於多個場所，真的嗎？

註：針對疑問（Q）之解答（A）以粗字表示。

博士：根據量子論，一個電子能夠同時存在於多個位置。而如果觀測這個電子的位置，則會在這些位置之中的某個地方被發現（a）。

學生：簡直就像日本忍者的分身術嘛……。

博士：更一般的說法，可以說是「微觀粒子能夠同時兼有多個『狀態』」。除了位置之外，還要考慮速度、自轉方向（專業的說法是「自旋」）等等各式各樣的要素。例如，一個電子能夠同時採取向右自轉的狀態和向左自轉的狀態，這稱為「狀態的並存」（或狀態的疊合）。

學生：會不會，並非一個電子同時採取兩個狀態，而是有兩個不同狀態的電子？

博士：不是的。例如，像 a 這樣，電子並存於多個位置的狀況也是一樣，藉由觀測而被發現的電子始終只有一個而已。

學生：以 a 來說，藉由觀測而在

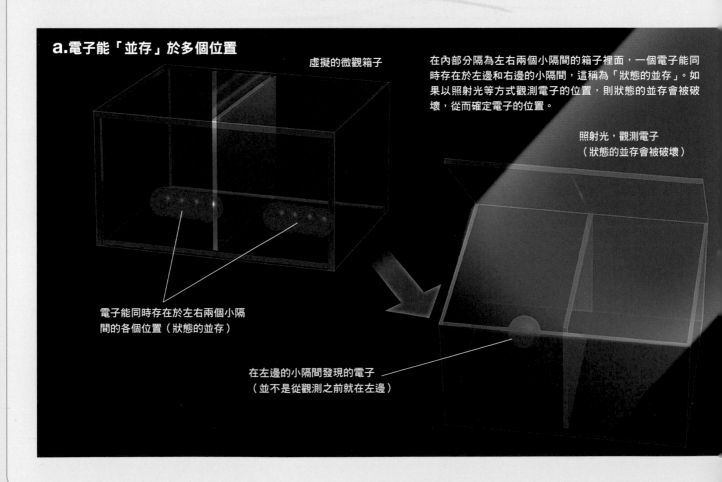

a. 電子能「並存」於多個位置

虛擬的微觀箱子

在內部分隔為左右兩個小隔間的箱子裡面，一個電子能同時存在於左邊和右邊的小隔間，這稱為「狀態的並存」。如果以照射光等方式觀測電子的位置，則狀態的並存會被破壞，從而確定電子的位置。

照射光，觀測電子
（狀態的並存會被破壞）

電子能同時存在於左右兩個小隔間的各個位置（狀態的並存）

在左邊的小隔間發現的電子
（並不是從觀測之前就在左邊）

左邊的小房間發現電子，會不會是電子在觀測之前就已經在左邊小房間的那個位置了？按照常識來判斷的話……。

博士：在微觀世界中，這樣的常識並不適用。我來介紹一個，如果不考慮狀態的並存，就無法說明的實例吧！使用電子來施行雙狹縫實驗也會產生干涉條紋（b）。電子在雙狹縫的前方，是並存著通過A狹縫的狀態（電子波）和通過B狹縫的狀態（電子波）。如果沒有並存著這兩個狀態，就不會產生干涉條紋。這個實驗的結果，可以說證明了狀態的並存是實際發生的。

學生：有沒有可能，不是一個電子的兩個狀態並存，而是單純地電子分裂為兩個呢？

博士：不是這樣。發射一個電子時，屏幕上只留下一個點狀的痕跡，並沒有留下兩個痕跡，這就是電子沒有分裂為兩個的證據。屏幕可以說是一種「電子位置的觀測裝置」。在還沒有抵達屏幕之前，電子原本並存於多個位置。而由於使用屏幕進行觀測，於是從眾多位置當中確定了一個電子的位置。

學生：不知怎地，總是覺得不太可信……。

博士：在這裡，只舉了雙狹縫實驗這個例子，但過去許多物理學家已經進行了許多實驗性、理論性的研究。經由這些研究，才留下了「狀態的並存」這個概念。

學生：無法看見「狀態的並存本身」嗎？也就是說，就像同時觀測到通過A狹縫的電子和通過B狹縫的電子之類的……。

博士：如果進行「觀測」（參照第76頁），狀態的並存就會破壞，所以很遺憾地，你所說的看見「狀態的並存本身」是不可能的。　🪐

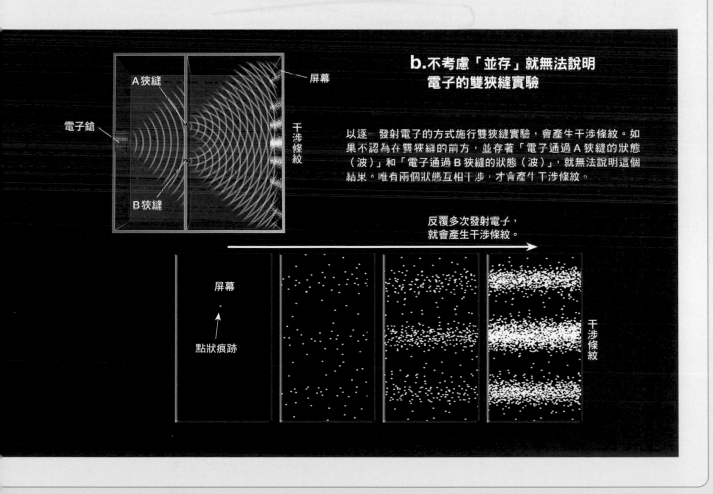

b. 不考慮「並存」就無法說明電子的雙狹縫實驗

A狹縫

電子鎗

B狹縫

屏幕

干涉條紋

以逐一發射電子的方式施行雙狹縫實驗，會產生干涉條紋。如果不認為在雙狹縫的前方，並存著「電子通過A狹縫的狀態（波）」和「電子通過B狹縫的狀態（波）」，就無法說明這個結果。唯有兩個狀態互相干涉，才會產生干涉條紋。

反覆多次發射電子，就會產生干涉條紋。

屏幕

點狀痕跡

干涉條紋

Q4 「電子波」代表什麼意思？

註：針對疑問（Q）之解答（A）以粗字表示。

學生：電子是我們的身體以及周遭各種物質的構成要素。但是，量子論卻說這個電子具有波的性質。這點真是令人難以理解。

　所謂的電子波，是指「電子的集團振動而產生波」（**a**），或者是「電子一面波動、一面前進」（**b**）的意思嗎？

博士：電子波並不是這個意思。電子波是更抽象的概念，很難把它意象化。通常，我們談到波，會一併談到傳播波的「介質」。例如，海浪的介質是水，聲波的介質是空氣。介質的振動會往周圍擴散，就成為我們平常所談到的波。但是，**電子波並不是任何介質在振動的意思。**

電子會同時存在於電子波的整個範圍

學生：如果沒有介質的話，我們要把電子波想成什麼樣的東西才好呢？

博士：現在的主流想法是「哥本哈根詮釋」，主張電子波和「電子的發現機率」有關。電子波振幅越大的地方，以粒子形式呈現的**電子被發現的機率越高；而振幅越小的地方，電子被發現的機率越低（c）。把空間中各個點的電子發現機率做成圖形，就會成為電子波的形狀**[1]。

學生：所謂的發現機率，這是什麼意思呢？和電子的存在機率不一樣嗎？

博士：發現機率和存在機率這兩者之間，有著微妙的差異。如果稱之為「存在機率」，就會變成：電子存在於某個位置的話，就不

a. 電子波不是眾多電子聚集而成的波

行進方向

電子

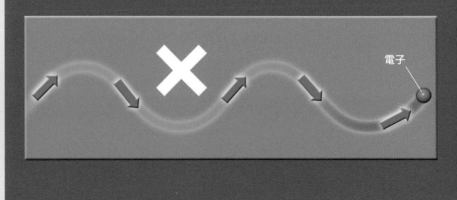

b. 電子波不是電子一面波動、一面前進的意思

電子

會存在於其他地方。但並不是這樣。根據量子論，一個電子能夠同時存在（並存）於多個地方[2]。**如果電子波具有範圍，則一個電子能夠同時存在於波散布的整個範圍。**

學生：一個電子會在空間當中散布嗎？

博士：是的。不過，電子本身的大小並沒有改變。一個電子的大小，目前還無法確定，大概是在10^{-18}公尺以下。電子波會在空間中大大散布，但這是意味著電子同時「並存」於各個角落。

學生：電子波和並存的概念真是息息相關啊！

博士：直到今天，科學家對於如何詮釋電子波仍然意見分歧，所以這是一個很困難的問題。也有人認為，「電子波只不過是用於說明電子行為的數學手段和工具而已」。無論如何，把電子當成波來計算，可以圓滿地說明各式各樣的實驗結果。🪐

※1：嚴格來說，依據空間中各點電子的發現機率所繪成的圖形，雖然和電子波（波函數）有密切的關係，但並非相同的東西。計算電子波（波函數）振幅絕對值的平方，再依此重新繪製的圖形，才會是電子的發現機率。

※2：嚴格來說，「並存」是多世界詮釋派的人士提出的說法（第78頁），在哥本哈根詮釋中，是以「疊合」這個數學方式來表示。波耳等人主張，如果討論粒子在沒有進行觀測的時候如何存在，這只是空想，並非科學的態度，因而特意以數學的方式來表現。

C.電子波與哥本哈根詮釋

電子波

基準線

※箭頭的長度代表該位置的振幅

電子的發現機率最高

電子的發現機率為零

電子的發現機率最高

橫軸：位置

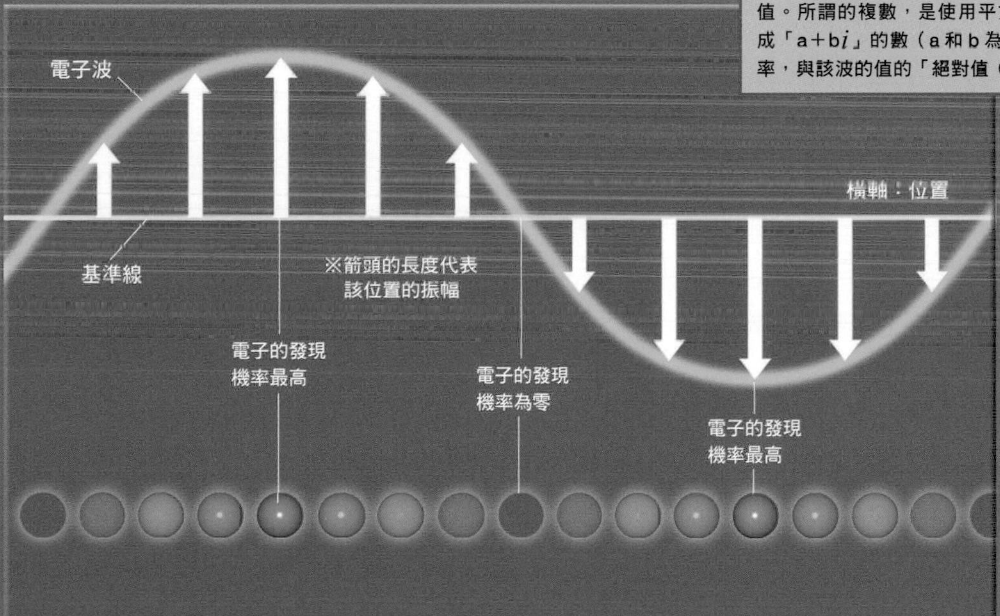

以藍色球的不透明度表示電子發現機率的高低。越不透明的地方，電子的發現機率越高；越是透明的地方，電子的發現機率越低。一個電子會同時存在於整個電子波散布的範圍。

給想要進一步了解的讀者

電子波的值（圖中的箭頭的長度）事實上是取「複數」的值。所謂的複數，是使用平方會成為一1的「虛數i」，記成「$a+bi$」的數（a和b為實數）。某場所的電子發現機率，與該波的值的「絕對值（$=\sqrt{a^2+b^2}$）」平方成正比。

電子也和光子一樣，兼具粒子和波的性質。不過所謂的電子波，並不是眾多電子聚集而波動的意思（a），也不是電子一面波動、一面前進的意思（b）。許多科學家採用「哥本哈根詮釋」主張電子波是和「電子的發現機率」有關的抽象概念。波的振幅越大的地方，以粒子形式呈現的電子被發現的機率越高（c）。在相當於波峰頂點和波谷底部的位置，電子的發現機率最高；波函數曲線和基準線（即橫軸）相交的位置，電子的發現機率則為零。

「上帝不玩擲骰子的遊戲！」

在散布的電子波當中，任何地方都有可能發現電子。因此，可以把散布的電子波想成「無數針狀波函數曲線的集合」（1）。電子存在於A點的狀態、存在於B點的狀態、存在於C點的狀態……，**無數的狀態都並存，這就是電子波的特性**。針狀波函數曲線的高度對應於在該場所發現電子的機率。亦即可以說，電子以高低不同的發現機率共存於各種場所。

像這樣，電子及光子等依循量子論表現行為，能夠呈現「**多個狀態並存的狀況**」。如果觀測多個狀態並存的電子，則**電子會在這些並存的多個狀態中的某一個狀態被發現**。例如，第54頁提及虛擬小箱子裡的電子（2），位左側與位右側的狀態同時存在，在觀測之前並不知道電子會在哪一側被發現。**進行觀測時發現它在左側或右側的某一邊，純粹是受到機遇性的支配，只能夠預測其機率**。

自然界受到機率的支配嗎？

愛因斯坦強烈反駁這種想法（3）。愛因斯坦預言了光子的存在等等，是量子論的創建者之一。但是，對於量子論的哥本哈根詮釋（機率詮釋＋波的塌縮），據說他曾以「上帝不玩擲骰子的遊戲！」予以批判。

根據量子論，**電子和光子的狀態會如何被觀測到，只能預測其機率**。例如，電子在A點被發現的機率是50%，在B點是20%，在C點是10%……，諸如此類。這和擲骰子出現的點數只能預測其機率十分相似。

愛因斯坦認為，「如果量子論的哥本哈根詮釋是正確的，那麼即使全知全能的上帝，也不知道電子會存在於什麼地方」。愛因斯坦根本就不認同哥本哈根詮釋所主張的，決定一切事物的上帝竟然會依照擲骰子出現的點數來決定電子的位置。

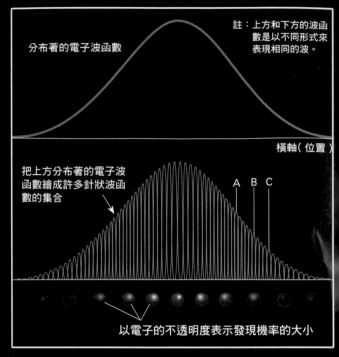

註：上方和下方的波函數是以不同形式來表現相同的波。

分布著的電子波函數

橫軸（位置）

把上方分布著的電子波函數繪成許多針狀波函數的集合

A B C

以電子的不透明度表示發現機率的大小

1.把電子波想成無數針狀波函數（粒子）的並存

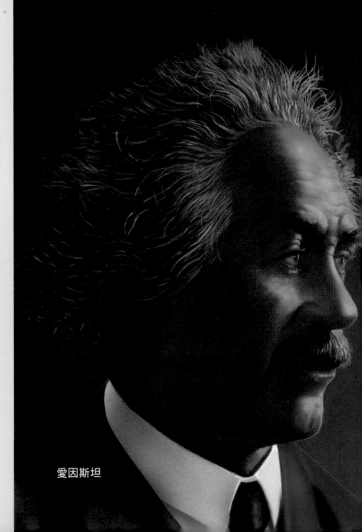

愛因斯坦

2. 虛擬小箱子裡的電子

電子位於右側的狀態和
位於左側的狀態並存

在左側發現電子

在左側裡面，位於各個位置
的狀態也是並存的

光

在右側發現電子

光

3. 愛因斯坦以「上帝不玩擲骰子的遊戲」
　　來反駁量子論的哥本哈根詮釋

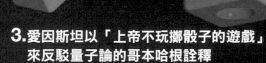

波耳
（哥本哈根詮釋派）

「半生半死的貓」是否存在？？

關於機率詮釋，有些學者提出了以下這種可說是過度激烈的詮釋：「觀測裝置也是由原子所構成，所以應該會依循和原子相同的原理。因此，理應不會由於觀測裝置導致波函數的塌縮。塌縮是發生於人類在腦中認識測定結果的時候。」對於這樣的論調，量子論的創始人之一薛丁格 (MAP-L) 利用下面所述的思想實驗加以批判。

把一隻貓和毒氣產生裝置，放入一個無法得知內部是什麼情況的箱子裡（1）。先讓毒氣產生裝置和放射線偵測器連動，並在偵測器前面放一塊含有少量具放射性原子的礦石。所謂的具有放射性的原子，是指鈾之類會發生原子核衰變，而發出放射線的原子。如果原子核衰變，使得裝置偵測到放射線，就會產生毒氣，把貓毒死。也就是說，**原子核的衰變和貓的生死有連動關係。**

原子核的衰變也是依循量子論的現象。**原子核什麼時候會衰變，只能推測其機率。**在觀測是否已經衰變之前，**原子核還沒有衰變的狀態和已經衰變的狀態並存（2）。**

根據文章開頭的詮釋，原子核是否已經衰變，在觀測者確認箱子裡的貓是否活著之前，並無法確定。也就是說，**在觀測者查看箱子內部之前，貓活著的狀態和死掉的狀態是共存著。**薛丁格藉此強烈地批判，文章開頭允許半生半死的貓存在，真是荒謬至極。

許多科學家採用的標準哥本哈根詮釋，則主張「放射線偵測器這個巨觀物體在偵測到放射線的時候，原子核的波發生塌縮，破壞了原子核的並存狀態」。由於原子核的並存狀態被破壞了，所以不會有半生半死的貓。但是，「發生波函數塌縮的原因是什麼？」這個問題並沒有得到答案。這個思想實驗被稱為「薛丁格的貓」，迄今尚未建立一致性的詮釋。

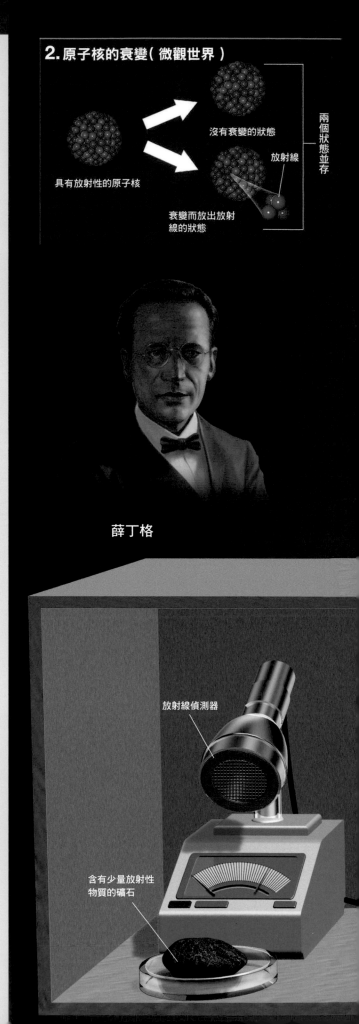

2. 原子核的衰變（微觀世界）

具有放射性的原子核

沒有衰變的狀態

放射線

衰變而放出放射線的狀態

兩個狀態並存

薛丁格

放射線偵測器

含有少量放射性物質的礦石

1.「薛丁格的貓」的思想實驗
（巨觀世界會發生「狀態的並存」嗎？）

觀測者

在打開窗子之前，不知道貓是活的
或死的。

在打開窗子進行觀測之前，貓活著的狀態
和死掉的狀態是並存著？？

活的貓

死的貓

如果偵測器偵測到放射線，
鐵鎚會敲破瓶子。

瓶子裡裝有會產生
毒氣的液體。

如果瓶子破裂，
會產生毒氣。

在微觀世界中，電子的位置和運動方向都

　　接下來，讓我們換個話題，談談「自然界一切都是曖昧不明」這回事吧！思考一下水面波浪的繞射。如果防波堤的縫隙很寬，則波浪在通過防波堤縫隙後會筆直前進（1）。而若防波堤的縫隙很窄，則波浪在通過防波堤縫隙後會擴散開來（2）。這是波的一般性質，所以電子波也會發生相同的情形。

　　想像一下電子通過狹縫的情景。若為寬狹縫（3），電子波通過時擁有與狹縫同寬的散布範圍，並不知道會在這個範圍的什麼地方發現電子。由於狹縫比較寬，**電子的「位置不確定**

度」變得比較大。而電子波在通過狹縫之後幾乎是筆直前進，亦即電子在通過狹縫的瞬間幾乎立刻往右運動，所以**「運動方向的不確定度」變得比較小**。

　　但是在通過窄狹縫時（4），**電子的「位置不確定度」變得比較小**。而通過狹縫之後大幅散開意味著電子「運動方向的不確定度」比較大。在狹縫的位置，**各個運動方向的電子並存著，運動方向尚未確定**。

拉普拉斯精靈也不可能正確預言未來

1. 防波提的縫隙為寬

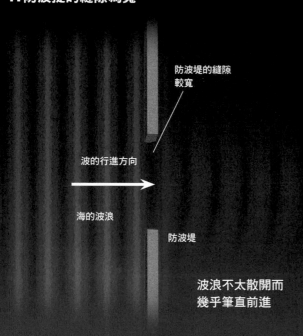

防波堤的縫隙
較寬

波的行進方向

海的波浪

防波堤

波浪不太散開而
幾乎筆直前進

2. 防波提的縫隙為窄

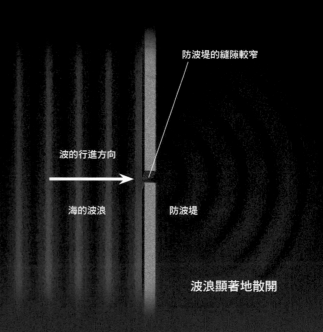

防波堤的縫隙較窄

波的行進方向

海的波浪

防波堤

波浪顯著地散開

給想要進一步了解的讀者

不準量間之關係的公式

右邊為表示不準量間之關係的公式。Δx 為位置的不準量，Δp 為動量的不準量，h 為常數（$h = 6.6 \times 10^{-34}$ J・s）。由這個式子可知：若縮小位置的不確定度，則由於式子中的不等號，動量的不確定度就增大。不過，因為 h 非常小，所以巨觀物體的 Δx 和 Δp 都不明顯。但是微觀的物質就不能忽視 Δx 和 Δp。

$$\Delta x \times \Delta p \geq h$$

變得「曖昧不明」

結論就是，如果要正確決定運動方向，則電子位置的不確定度會變大（5）；如果要確定電子的位置，則運動方向不確定度會變大（6）。也就是說，不可能同時確定這兩者。這些不確定程度之間，存在著一個基本的量化關係，稱為「位置與動量的不準量關係式」[※]。

不準量關係式[MAP-10]是海森堡[MAP-M]於1927年提出的想法。所謂的「不準量」，是將不確定的程度呈現出來的物理量區間，例如以座標區間△x表示位置的不確定程度，動量區間△p表示運動狀態（包含質量、速度大小及

方向）的不確定程度。他提出這個想法的真正意涵並無定論，但可以肯定的是，並非「實際上已經確定了，只是人類無法得知」的意思。在這裡指的是「**有許多個狀態並存著，實際上尚未確定人類會觀測到何種狀態**」。也就是說，即使只取一個電子來看，也無法預知它的未來。換句話說，就算是「拉普拉斯精靈」（第6頁）也不可能正確地預言未來。

※：在這裡，只談到運動方向，但依照量子論的正確計算，與位置配對而變得不確定的是「動量」。所謂的動量，是指「質量×速度（包含運動方向）」，所以，如果要確定位置，則連速度也會變得不確定。

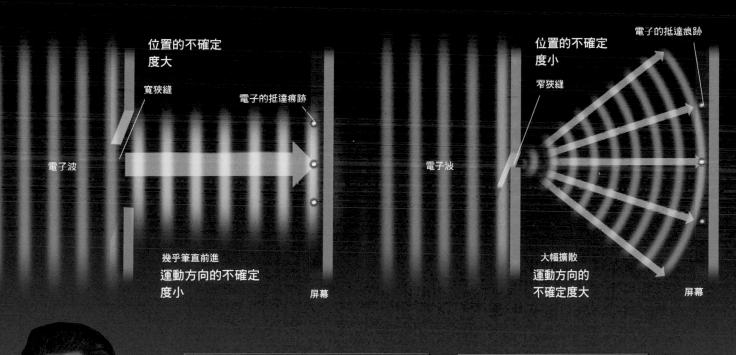

3. 寬狹縫的電子波繞射

位置的不確定度大

寬狹縫

電子的抵達痕跡

電子波

幾乎筆直前進
運動方向的不確定度小

屏幕

4. 窄狹縫的電子波繞射

電子的抵達痕跡

位置的不確定度小

窄狹縫

電子波

大幅擴散
運動方向的不確定度大

屏幕

海森堡

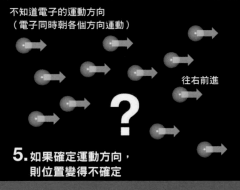

不知道電子的運動方向
（電子同時朝各個方向運動）

往右前進

5. 如果確定運動方向，則位置變得不確定

不知道電子存在於什麼位置
（電子同時存在於多個場所）

在這裡

6. 如果確定位置，則運動方向變得不確定

愛因斯坦指摘的「幽靈般的超距作用」

愛因斯坦認為未來是已經確定的，對於顯示著不準量關係式的「自然界曖昧不明」提出反駁。愛因斯坦認為**「自然界並非曖昧不明，而是量子論還不完備，無法正確闡述自然界的緣故」**。1935年，他和共同研究者波多斯基（Boris Podolsky，1896～1966）、羅森（Nathan Rosen，1909～1995）聯合發表了觸及量子論之矛盾點的論文。

我們已經知道，電子等粒子會自轉（正確地說，是具有「自旋」的物理量）。自轉的方向依循量子論，也以多個狀態同時存在（並存或疊合）。在這裡，我們以電子的自轉為例，試著來探討愛因斯坦的虛擬實驗吧！

想像一下，在宇宙某處誕生了兩個自轉的電子。假設這兩個電子從同一個地方往相反的方向各自飛出去（1）。這個時候，在還沒有進行觀測的階段，不論哪一個電子都是並存著右旋自轉狀態和左旋自轉狀態。

現在，觀測 B 電子，以便確定它的自轉方向（2）。這麼一來，不管兩個電子相距多遠，在這個瞬間，A電子的自轉方向會隨之確定是和 B 電子相反（3）。這是因為，為了使某種守恆定律成立，所以如果把兩個電子的自轉方向合起來，應該要成為電子誕生前之沒有自轉的狀態才對。

愛因斯坦等人在這個虛擬實驗中，注意到一

處於「量子纏結」狀態的兩個粒子

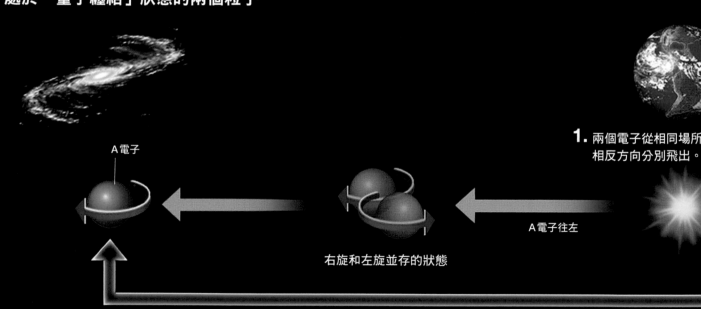

A電子

右旋和左旋並存的狀態

1. 兩個電子從相同場所往
相反方向分別飛出。

A電子往左

3. 無論相距多遠，在觀測 B 電子的時候，
A電子的自轉方向也同時確定。

4. 處於量子糾纏狀態之兩個電子的想像圖
根據量子論，曾經進行某種交互作用的兩個粒子（此處為電子），後來無論相距多遠，

件奇妙的事情。A電子雖然沒有被觀測，但自轉方向卻也被確定了。根據量子論，直到觀測之前，自轉方向應該是尚未確定的。那麼，難道是受到B電子的影響而確定了A電子的自轉方向嗎？

愛因斯坦等人認為，對於相距非常遙遠的東西，不可能無時間差地「瞬時」施予影響。因為根據狹義相對論，沒有任何東西的速度比光速更快。**觀測相距遙遠的兩個粒子的其中一個，竟然會在瞬間同時決定兩者的狀態，如此奇妙的現象，愛因斯坦稱之為「幽靈般的超距作用」。**

如果不是「瞬時」地施予影響，就會變成，在兩個電子分開的最初時點，電子的自轉方向就已經決定了，只是單就現在的量子論而言，無法得知這個方向罷了。這一點成了主張「量子論並不完備」的根據。愛因斯坦等人的這個主張，採取三個人姓名的首字母，稱之為「**EPR悖論**」（Einstein-Podolsky- Rosen paradox）。

由於愛因斯坦指摘而發現的「量子纏結」

但事實上，從1970年代至1980年代，這個被愛因斯坦視為幽靈般的超距作用的現象，卻經由實驗證實了它的存在。而且也明白了，這現象並非一個電子的影響在瞬時傳送到遠方的另一個電子，而是兩個電子的狀態是成組決定的（「纏結」在一起），無法個別決定，這個現象稱為「量子纏結」（或「量子糾纏」）※（4）。而這也和量子電腦及量子資訊理論的發展有著密不可分的關係。　　　　　　　　　　🪐

※：「量子纏結」這個名稱來自薛丁格。

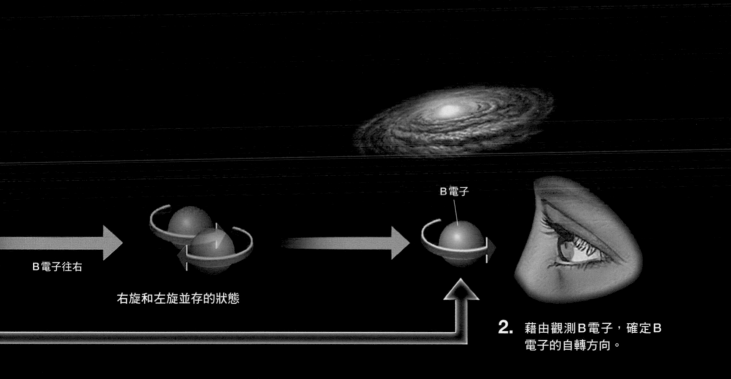

B電子往右

右旋和左旋並存的狀態

B電子

2. 藉由觀測B電子，確定B電子的自轉方向。

Q5 量子論所說的「觀測」是什麼？

註：針對疑問（Q）之解答（A）以粗字表示。

學生：不太明白量子論所說的「觀測」是什麼？它的意思是說，若人類不進行觀測，電子和光子的狀態就不會確定嗎？

博士：以前，美國數學家馮紐曼（John von Neumann，1903～1957）等人認為，觀測電子及光子的狀態，是在把這個觀測結果提升到人類的「意識」時，狀態才會定於一尊（塌縮）。不過，現代許多科學家則認為，人類的介入與狀態的確定並沒有關係。

學生：那麼，觀測究竟是什麼意思呢？

博士：**觀測並沒有既定的定義。不過，所謂微觀粒子的觀測，可以認為是這個微觀粒子製造出「巨觀痕跡」吧！這是指對於10的幾十次方個如此龐大數量的粒子，施予無法回復原狀的影響。**微觀粒子通過觀測裝置，使得儀表的指針移動，這就是巨觀痕跡，代表進行了觀測。儀表的指針由龐大數量的原子構成，微觀粒子對它施予了影響，因此可以說是巨觀痕跡。

學生：也就是說跟人類有沒有進行觀測並無關係囉！

博士：觀測裝置上有電流（數量龐大之電子的流動）在流動，會發熱，促使周圍數量龐大的原子晃動，所以這些也可以說是巨觀痕跡。

學生：夠資格稱為巨觀痕跡的龐大數量，究竟是多大的數呢？

博士：沒辦法給予一個明確的特定數字。但是一般來說，只要無法使眾多粒子回復到原來的狀態，而在任何的地方都不留下影響，即可稱之為「留下了巨觀痕跡」吧！

學生：關於量子論的「觀測」，有一個著名的思想實驗，稱為「薛丁格的貓」（右邊插圖）。以微觀粒子來說，能夠共存著兩個相反的狀態（Q3，第64頁）。但是在薛丁格的貓這個實驗中，貓活著的狀態和死亡狀態也能並存嗎？

博士：這個思想實驗原本是奧地利物理學家薛丁格為了批判馮紐曼等人的詮釋而設計的實驗。馮紐曼等人認為是因為人類的意識介入，才促成微觀狀態的決定。如果馮紐曼等人的詮釋是正確的話，那麼半生半死的貓這種奇妙的「狀態並存」就能成立。薛丁格認為這種事情太荒謬了。

學生：現在是如何來思考這件事情呢？

博士：這個問題關係到量子論詮釋的本質，在學者間尚未獲得一致的見解。確實，「半生半死」這種說法真是太奇妙了。但是如果用「貓為活著的狀態和死亡的狀態並存著」這樣的說法呢？雖然直覺上很難理解，但的確必須冷靜思考，這種情況真的不可能嗎？

學生：量子論的詮釋問題還真是深奧！

給想要進一步了解的讀者

量子去相干理論

在並存的多個狀態之中，什麼時候會發生塌縮（確定為某一個狀態）呢？在說明這件事的眾多理論當中，以「去相干理論」獲得較多的支持。「去」（de）表示失去某些事物，「相干」（coherence）表示干涉的容易度（干涉性），也就是說，去相干就是指失去干涉的容易度。例如，第56頁的電子實驗，電子不再表現出波的行為（失去干涉性），而表現出粒子的行為，即稱為「發生了去相干」。此概念誕生於1970年代。

去相干如果改稱為「與環境的交互作用」，則也會藉由接觸巨大的（巨觀）物質而發生。以「薛丁格的貓」的實驗來說，至少在偵測器偵測到放射線的時間點就會發生去相干，所以貓沒有變成半生半死。不過，去相干理論無法說明塌縮造成狀態消失的機制，亦即，並沒有完整地說明塌縮這個現象。

協助：森田邦久 日本大阪大學人類科學研究科研究所副教授

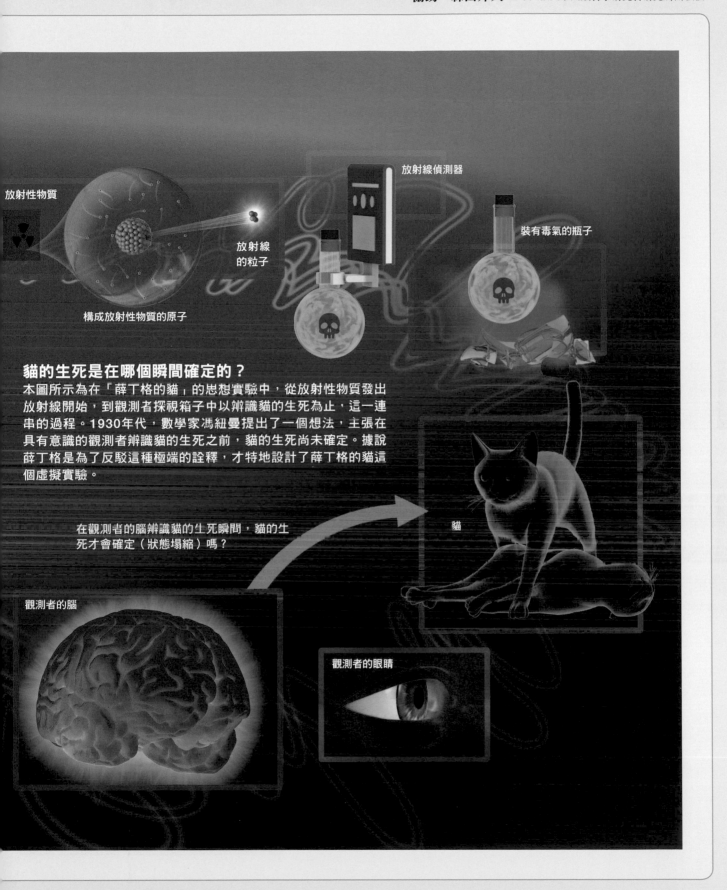

放射線偵測器

放射性物質

放射線
的粒子

裝有毒氣的瓶子

構成放射性物質的原子

貓的生死是在哪個瞬間確定的？

本圖所示為在「薛丁格的貓」的思想實驗中，從放射性物質發出放射線開始，到觀測者探視箱子中以辨識貓的生死為止，這一連串的過程。1930年代，數學家馮紐曼提出了一個想法，主張在具有意識的觀測者辨識貓的生死之前，貓的生死尚未確定。據說薛丁格是為了反駁這種極端的詮釋，才特地設計了薛丁格的貓這個虛擬實驗。

在觀測者的腦辨識貓的生死瞬間，貓的生死才會確定（狀態塌縮）嗎？

貓

觀測者的腦

觀測者的眼睛

除了哥本哈根詮釋之外，還有什麼詮釋？

Q6

註：針對疑問（Q）之解答（A）以粗字表示。

學生：電子雖然能夠同時存在於多個位置，但如果進行「觀測」就只會在一個地方被發現，這一點讓人難以理解。

博士：根據哥本哈根詮釋，在進行觀測的時間點，共存的多個狀態之中只有一個會被選中，其他狀態則會消失。

學生：為什麼會消失呢？

博士：這個機制尚未明朗，無法做明確的說明。在量子論（量子力學）的基礎式子（薛丁格方程式）裡，原本沒有包含這個塌縮的概念。所謂的塌縮是為了聯結原本共存的多個狀態（例如以「波」的形式散布的電子）和最終被觀測到的一個狀態（以「粒子」的形式被觀測到的電子）而追加的概念。也就是說，塌縮是否真的會發生，尚且不得而知。

因此，出現了一些不同的想法，試圖不利用塌縮的概念來說明量子論的神奇現象。而其中之一就是「多世界詮釋」（MAP-11）（a）。

學生：那是什麼樣的理論呢？

博士：假設在薛丁格的貓這個虛擬實驗中，觀測箱子內的結果，確認貓是活著。依照標準詮釋的主張，與觀測結果不一樣的狀態（貓死掉的狀態）會消失。**但若依照多世界詮釋的主張，原本的世界則是會分歧成「貓活著的世界」和「貓死掉的世界」。**

這裡所說的世界，是指全宇宙的意思。不僅僅是觀測對象和觀

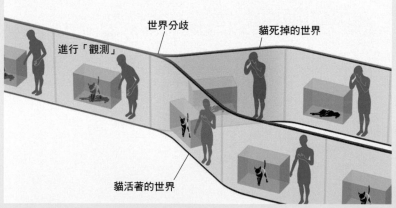

世界分歧　　進行「觀測」　　貓死掉的世界

貓活著的世界

a. 分歧的世界
本圖所示為多世界詮釋的概念。確認了貓的生死之後，會分歧為貓活著的世界和死掉的世界，這兩個世界都包含了觀測者。分歧的世界之間，可能沒有主從關係（上下關係），全部都是同等存在的現實。

b. 存在人類不知道的「隱藏變數」？
也有人認為，即使是原子之類的微觀物質，其實也存在某種資訊，能依此明確地計算出物質的狀態。不過，這種未知的資訊（也稱為「隱藏變數」）還沒有被發現。現在的量子論主張，在原理上，微觀物質的狀態（位置及速度等）在觀測之前並未確定於一個值（不確定）。

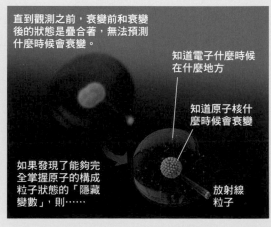

直到觀測之前，衰變前和衰變後的狀態是疊合著，無法預測什麼時候會衰變。

知道電子什麼時候在什麼地方

知道原子核什麼時候會衰變

如果發現了能夠完全掌握原子的構成粒子狀態的「隱藏變數」，則……

放射線粒子

協助：森田邦久 日本大阪大學人類科學研究科研究所副教授／筒井 泉 日本高能加速器研究機構副教授

測者，包括存在於世界的一切人與物都會分歧成不同的世界（平行世界）[1]。這是非常大膽的想法，但因為不使用塌縮的概念，所以也有人認為它是最「直接了當」詮釋了薛丁格方程式。

學生：還有其他不考慮塌縮的詮釋嗎？

博士：也有主張並存的狀態從最初就不存在的想法。這個想法主張，以薛丁格的貓這個實驗來說，半生半死的貓什麼的，甚至衰變前和衰變後這兩個狀態疊合的原子核，通通不存在。「不知道放射性物質什麼時候會衰變，是因為我們無法確實掌握原子核的狀態，如果資訊充分的話，就能夠正確計算出什麼時候會衰變。於是，就能夠知道貓什麼時候會死掉，也就不會有半生半死的貓這種奇妙的狀態產生了」（b）。

這等於在指摘量子論（量子力學）還不夠完備。除了薛丁格之外，愛因斯坦也認為量子論並不完備。

下方的表彙整了幾個具有代表性的量子論詮釋，可以根據是否承認塌縮、是否需要修訂量子論（量子力學）等要素，分成幾種類型。

除了這個表之外，還有好幾個獨特的詮釋。例如，與多世界詮釋相似的**「多精神詮釋」**主張，**並不是世界（宇宙）全體依照可能性的數量分歧，而是在觀測者的心中發生世界的分歧。還有一種「時間對稱化詮釋」，主張未來已經確定了，未來是因，現在的**狀態是果（未來會影響現在）。不過，這些詮釋雖然在理論上有其可能性，但並沒有獲得多少人的支持。

會支持哪一個詮釋，很大的因素在於它與研究領域的相容性、對於「實在性」的想法等等。量子論的標準詮釋主張，在原理上，微觀物質的狀態在觀測之前並未定論（不確定）。也就是說，在微觀世界中，粒子並「不實在」處於特定的狀態。愛因斯坦對於這樣的想法（非實在性）十分不滿，認為應該修改量子論，成為具有實在性的理論。🪐

※1：關於多世界詮釋，將在第148～159頁做詳細的說明。

詮釋的名稱	概要	塌縮	觀測前之物理量的實在性	修訂量子力學的必要性
標準詮釋（哥本哈根詮釋）	並存的多個量子狀態由於觀測而塌縮為一個。也可以說是，由於觀測，波變化成粒子。	由於觀測而發生塌縮	不具有觀測前就已確定的物理量	無
多世界詮釋	不發生塌縮，世界會依據量子世界中能夠獲得的可能性的數量，無限地分歧下去。	不發生塌縮，世界會分歧	具有觀測前就已確定的物理量	無
隱藏變數理論（德布羅意－玻姆理論）	量子力學並不完備，自然界中有能夠加以補足的「隱藏變數」存在。	不發生塌縮，從最初即以粒子的形式存在	具有觀測前就已確定的物理量	有
GRW理論[2]	為哥本哈根詮釋追加塌縮機制的理論。即使不進行觀測，微觀粒子也會隨機地從「波」塌縮成「粒子」，不過機率很低。因此，微觀粒子的狀態基本上並未定論。但是，巨觀物質含有無數的粒子，所以偶然有其中一個粒子塌縮的機率很高。這麼一來，巨觀物質全體也會隨之塌縮，從而確定一個狀態。	會發生塌縮，但與觀測無關	具有觀測前就已確定的物理量	有

※2：取提出者的姓名（Ghirardi、Rimini、Weber）的首字母來命名。

在這裡把第2章「探究量子論的核心」之內容做個結論。在本章,「波粒二象性」和「狀態的並存」是理解量子論的關鍵之所在。

1 電子會發生干涉
（第56～57頁）

施行電子的雙狹縫實驗,在屏幕上會顯現干涉條紋。

如果電子是單純的粒子,應該不會產生干涉條紋。產生干涉條紋是波的特有性質,所以電子也具有波的性質。

若要說明這個實驗結果,只能認為是一個電子同時通過兩道狹縫。也就是說,在通過狹縫之前,「並存著」通過 A 狹縫的電子波和通過 B 狹縫的電子波。

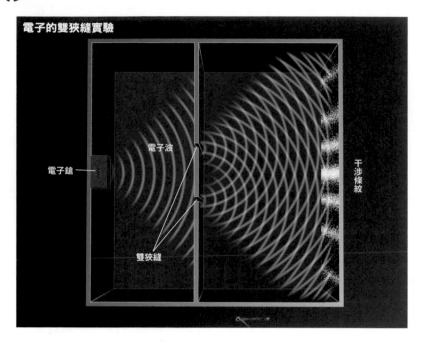

電子的雙狹縫實驗

電子波

電子鎗

干涉條紋

雙狹縫

2 電子波與發現機率
（第58～59頁）

玻恩提出了電子波與電子的發現機率具有關聯性的想法（機率詮釋）。

波的振幅（各點偏離基準線的距離）越大,電子的發現機率越高。也就是說,在波峰和波谷的頂點,發現電子的機率最高。

利用這個想法,能夠圓滿地說明電子的雙狹縫實驗為何會顯現干涉條紋等事項。

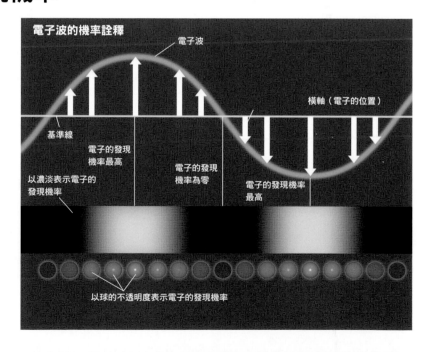

電子波的機率詮釋

電子波

橫軸（電子的位置）

基準線

電子的發現機率最高

電子的發現機率為零

電子的發現機率最高

以濃淡表示電子的發現機率

以球的不透明度表示電子的發現機率

3 若進行觀測，則電子波會塌縮

（第60～61頁）

　　若進行「觀測」想確認電子的位置，則原本散布於空間中某個範圍的電子波函數，會「塌縮」成為沒有寬度的針狀波函數，從而在塌縮的位置發現電子。

　　原本的波會塌縮而留下哪個部分，在事前完全無法得知。波的塌縮是「機率性」發生的。原本的波除了塌縮的部分之外，其他部分都會消失。不過，「消失」這個語詞的正確意涵，在量子論的詮釋中又是另一個微妙的問題。

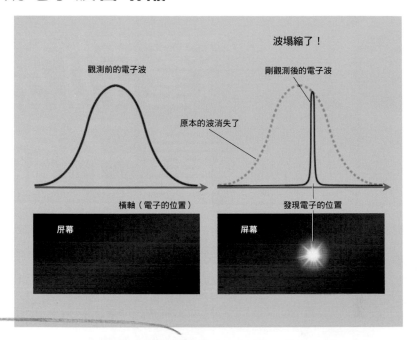

波塌縮了！

觀測前的電子波

剛觀測後的電子波

原本的波消失了

橫軸（電子的位置）

發現電子的位置

屏幕

屏幕

4 不準量關係式

（第72～73頁）

　　電子的位置和動量（質量×速度）無法同時確定。

　　如果想要確定電子的位置，動量就會變得不確定。相反地，如果想要確定動量，位置就會變得不確定。

　　這裡所說的「不確定」，並不是「其實已經確定了，只是人類無法知道」的意思，而是「有許多的狀態並存著，其後人類實際上會觀測到哪個狀態尚未確定」的意思。

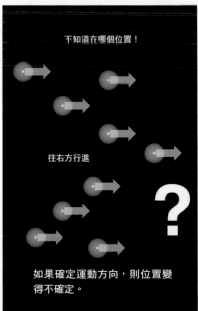

不知道在哪個位置！

往右方行進

如果確定運動方向，則位置變得不確定。

不知道往哪個方向行進！

在這個位置

如果確定位置，則運動方向變得不確定。

※事實上，速度也變得不確定。

從下一頁開始的第3章「蓬勃發展的量子論」中，將介紹「電子穿越障壁」、「電子從真空誕生又消失」、「宇宙從無創生」等議題。進一步，也將介紹量子論已經應用在哪些領域的情況。

蓬勃發展的量子論

在第 3 章，將利用前兩章介紹的量子論的思考模式，進一步介紹「電子穿越障壁」、「宇宙從無創生」等許多趣味十足的議題。此外，也將介紹量子論在各個領域的應用情況，例如它對化學及固態物理學的發展的貢獻等等。

新的真空相
Q7.真空竟然具有能量，真的嗎？
專欄 促使宇宙加速膨脹的因素或許是真空的能量

在微觀世界中，物質會生成又消滅！

　　自然界的一切量（物理量），在成對的量與量之間存在著不準量關係。以微觀的觀點來看，自然界是不確定而曖昧不明的。

　　「能量[1]與時間」之間也具有不準量關係。以我們能夠辨識程度的時間尺度來說，可以忽視能量的不確定性。但是在極短的時間尺度，能量的不確定性變得非常大。依據這個不準量關係和相對論，可以推導出一個驚人的結論：理應沒有任何物質存在的空間（真空），竟然有物質的生成與消滅！[MAP-12] 以下就一項一項來說個明白吧！

　　根據相對論，可以從能量創造出具有質量的物質[2]。例如，用實驗裝置「加速器」可以讓電子及質子等藉超高速碰撞產生能量，創造出各種基本粒子[3]（1）。不是因電子和質子等粒子本身撞裂而釋出許多基本粒子。在加速器中，撞擊所產生的能量本身會轉化為基本粒子的質量，這件事已經獲得證實。也可說能量是「產生物質的要素」。

　　而根據不準量關係，即使是真空也不會是完全沒有能量的狀態。因為如果能量確定完全為零，就違反了不準量關係。假設把真空的某個區域放大，以便觀察微觀世界（2），根據不確定性關係，以極短的時間來看，則各個地方的能量都是不確定而變動著（3）。例如，在10^{-20}秒（1秒的1兆分之1又1億分之1）以下的短時間內，某個區域具有非常高的能量，所以也有可能利用這個能量產生出電子等基本粒子（4）！不過，從真空誕生的基本粒子會立刻消滅，回復原本的空無一物的狀態。能量的不確定性附帶著「極短時間」這個條件，因為如果把時間拉長，不確定性會逐漸消失。

　　以上所說「藉由真空具有之能量而變動，基本粒子會在各個角落生成又消滅」的情景，就是量子論所闡明的真空的面貌。

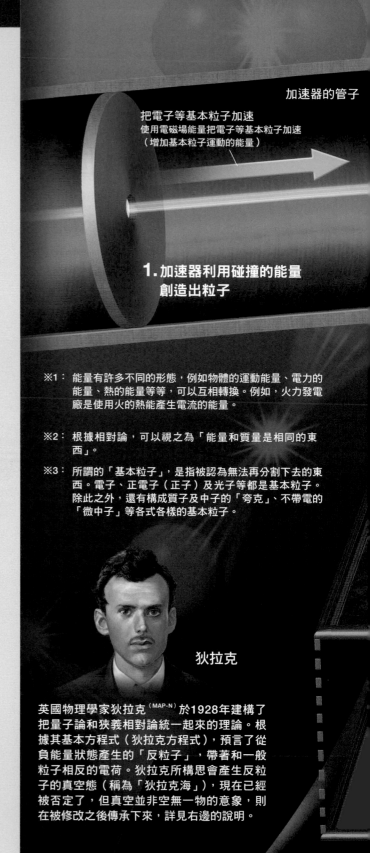

加速器的管子

把電子等基本粒子加速
使用電磁場能量把電子等基本粒子加速
（增加基本粒子運動的能量）

1. 加速器利用碰撞的能量創造出粒子

[1]： 能量有許多不同的形態，例如物體的運動能量、電力的能量、熱的能量等等，可以互相轉換。例如，火力發電廠是使用火的熱能產生電流的能量。

[2]： 根據相對論，可以視之為「能量和質量是相同的東西」。

[3]： 所謂的「基本粒子」，是指被認為無法再分割下去的東西。電子、正電子（正子）及光子等都是基本粒子。除此之外，還有構成質子及中子的「夸克」、不帶電的「微中子」等各式各樣的基本粒子。

狄拉克

英國物理學家狄拉克[MAP-N]於1928年建構了把量子論和狹義相對論統一起來的理論。根據其基本方程式（狄拉克方程式），預言了從負能量狀態產生的「反粒子」，帶著和一般粒子相反的電荷。狄拉克所構思會產生反粒子的真空態（稱為「狄拉克海」），現在已經被否定了，但真空並非空無一物的意象，則在被修改之後傳承下來，詳見右邊的說明。

真空

把真空的一部分放大

2. 把真空的某個瞬間放大

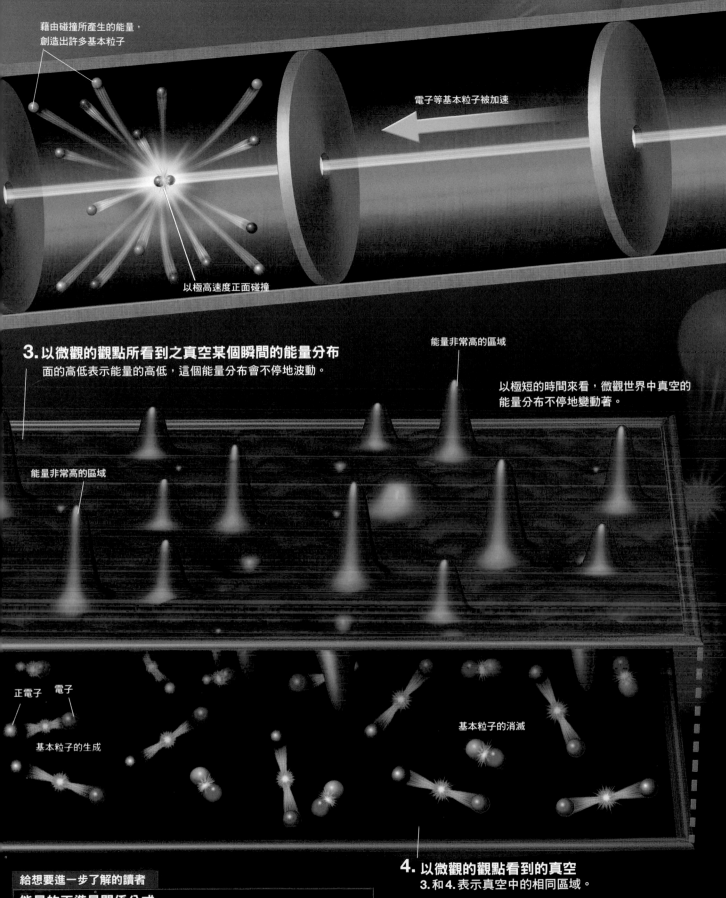

藉由碰撞所產生的能量，
創造出許多基本粒子

電子等基本粒子被加速

以極高速度正面碰撞

3. 以微觀的觀點所看到之真空某個瞬間的能量分布

面的高低表示能量的高低，這個能量分布會不停地波動。

能量非常高的區域

以極短的時間來看，微觀世界中真空的能量分布不停地變動著。

能量非常高的區域

正電子　電子

基本粒子的生成

基本粒子的消滅

4. 以微觀的觀點看到的真空

3. 和 4. 表示真空中的相同區域。

電子從真空生成的時候，必定會一起生成與電子酷似但帶著正電的基本粒子「正電子」（正子）。電子帶著負電，但原本那個地方並沒有帶電，所以需要正電子的正電加以抵消。相同的道理，電子消滅時，正電子也必定會一起消滅。

能量的不準量關係公式

能量和時間的不準量關係公式為「$\Delta E \times \Delta t \geqq h$」（$h = 6.6 \times 10^{-34} J \cdot s$）。由這個公式可知，例如，在 10^{-20} 秒這種非常短暫的時間（Δt）內，真空具有的能量的不準量（ΔE）會變成和電子的質量相當的能量程度（$10^{-13} J$ 的程度）。亦即，在這樣的一瞬之間，電子也有可能會突然誕生。

真空竟然具有能量，真的嗎？

Q7

註：針對疑問（Q）之解答（A）以粗字表示。

學生：根據量子論，真空並不是一無所有的空間，而是會藉由能量的變動，使得基本粒子生成又消滅。這個論點與我們以往對真空的印象真是相去十萬八千里，實在令人難以置信。

博士：如果把不準量關係等量子論原理，適用在電磁波以及粒子的波上，就會導出這樣的結論。

學生：理論上或許是如此，但是已經有透過實驗等方法加以證實了嗎？

博士：已知有一種稱為「卡西米爾效應」（Casimir effect）的現象，顯示了真空能量的存在。

學生：這是什麼樣的理論呢？

博士：這個現象是指，**夾在兩片金屬板之間的空間和這兩片金屬板外側的空間，真空能量的大小會產生差異，這個差異會成為引力（卡西米爾力）顯現出來。**具體來說，就是放在真空中的兩片金屬板會因為真空能量的效應而靠攏。

學生：不過，為什麼會產生能量的差異呢？

博士：在真空中生成又消滅的粒子稱為「虛粒子」。基本粒子是粒子，同時也具有波的性質。金屬板之間的空間，只有特定波長的虛粒子能夠存在，所以虛粒子的數量比較少。相反地在金屬板外側的空間，波長能自由擇取，所以虛粒子的數量會比較多。因此虛粒子數量的差異，造成金屬板之間和外側真空的能量差異，從而產生卡西米爾力。

學生：這個現象很有意思！這是在什麼時候確認的呢？

博士：「卡西米爾效應」是荷蘭物理學家卡西米爾（Hendrik Casimir，1909～2000）在1948年提出的預言，但於1997年才獲得實驗證實。

學生：這是才不久之前的事情！為什麼從提出預言到實證要花上這麼長的時間呢？

博士：卡西米爾力具有金屬板的間隔越靠近則越能顯現效果的性質，但終究是非常微小的力。例如，若金屬板的間隔為10奈米（奈為10億分之1）的近距離，可產生大約1標準大氣壓的力。但若金屬板的間隔加大到微米（微為100萬分之1）的程度，則會減弱到和重力差不多的程度。因此，要偵測出卡西米爾力非常困難。

學生：既然已經透過實驗加以證實了，只能接受真空能量並非虛構的東西了。　🪐

卡西米爾

以波的形式呈現的虛粒子
在金屬板外側可以自由擇取波長

虛粒子較多

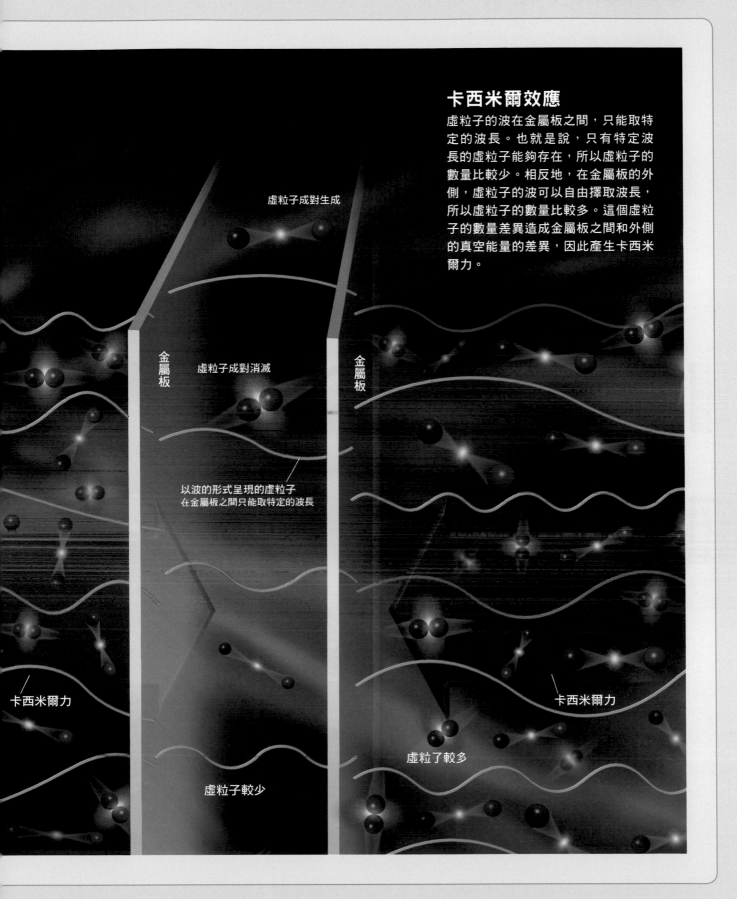

卡西米爾效應

虛粒子的波在金屬板之間，只能取特定的波長。也就是說，只有特定波長的虛粒子能夠存在，所以虛粒子的數量比較少。相反地，在金屬板的外側，虛粒子的波可以自由擇取波長，所以虛粒子的數量比較多。這個虛粒子的數量差異造成金屬板之間和外側的真空能量的差異，因此產生卡西米爾力。

虛粒子成對生成

金屬板

虛粒子成對消滅

金屬板

以波的形式呈現的虛粒子
在金屬板之間只能取特定的波長

卡西米爾力

卡西米爾力

虛粒子較多

虛粒子較少

促使宇宙加速膨脹的因素或許是真空的能量

真空的能量不僅只是微觀世界的話題，對現實世界甚或整個宇宙都會產生影響。科學家認為，真空的能量或許就是宇宙正在加速膨脹的原因。

根據愛因斯坦的廣義相對論，重力也是具有使宇宙空間的大小產生變化的效應。但是，愛因斯坦相信宇宙是永遠不變的，所以在方程中加入了相當於反重力的「宇宙常數」（cosmological constant），以便抵消重力的效應。後來，根據觀測的結果，證明了宇宙是在膨脹中，於是愛因斯坦把宇宙常數撤回，並認為這是「一生中最大的錯誤」。

雖然宇宙的確在膨脹之中，但是未來有可能繼續膨脹，也有可能轉為收縮。無論是哪一種情況，如果沒有宇宙常數，預想中現在的膨脹應該會減速才對。

然而，到了1998年，根據兩個獨立的國際團隊的觀測結果，顯示宇宙正在加速膨脹之中，和上面的預測相反。這項觀測結果意味著，在宇宙中有一種本尊不明的能量存在，而這種能量與促使宇宙加速膨脹的反重力有關。這種未知的能量稱為「暗能量」（dark energy），它的真面目是當今宇宙最大級的謎題。

根據其後種種觀測的結果，暗能量可能占有宇宙全部能量的70%左右。而這種暗能量的強力候選者，就是真空的能量。

真空的能量是將在真空中生成又消滅的虛粒子所具有的能量，全部加起來的總和，虛粒子是觀測不到的粒子，而真空的能量則在理論上會產生出反重力。

根據觀測的結果，得知宇宙在大約50億年前，由減速膨脹轉為加速膨脹。這件事可以認為是因為宇宙膨脹使得物質分散而密度降低，導致重力的作用減弱，但是暗能量的反重力作用並沒有改變。這麼一來，反重力使物質互斥分開的作用，便會大於重力把物質相互拉攏的作用，使得宇宙加速膨脹。

真空的能量會隨著空間的增加而增大，這是因為在增加的空間之中，仍然會發生虛粒子的生成和消滅。也因為這個緣故，真空的能量就被視為暗能量的有力候選者。

不過，依照現在的物理理論所計算出來的真空能量的大小，遠遠高於根據觀測所推定的暗能量。這應該歸因於：目前還沒有能夠正確計算真空能量的理論。我們必須建立把廣義相對論和量子論統合起來的新理論，才能闡明真空的能量是否真的是暗能量的本尊。🪐

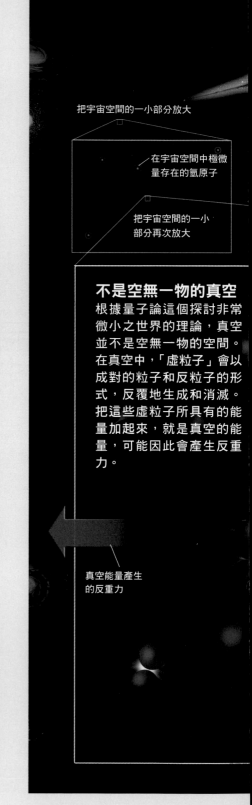

把宇宙空間的一小部分放大

在宇宙空間中極微量存在的氫原子

把宇宙空間的一小部分再次放大

不是空無一物的真空
根據量子論這個探討非常微小之世界的理論，真空並不是空無一物的空間。在真空中，「虛粒子」會以成對的粒子和反粒子的形式，反覆地生成和消滅。把這些虛粒子所具有的能量加起來，就是真空的能量，可能因此會產生反重力。

真空能量產生的反重力

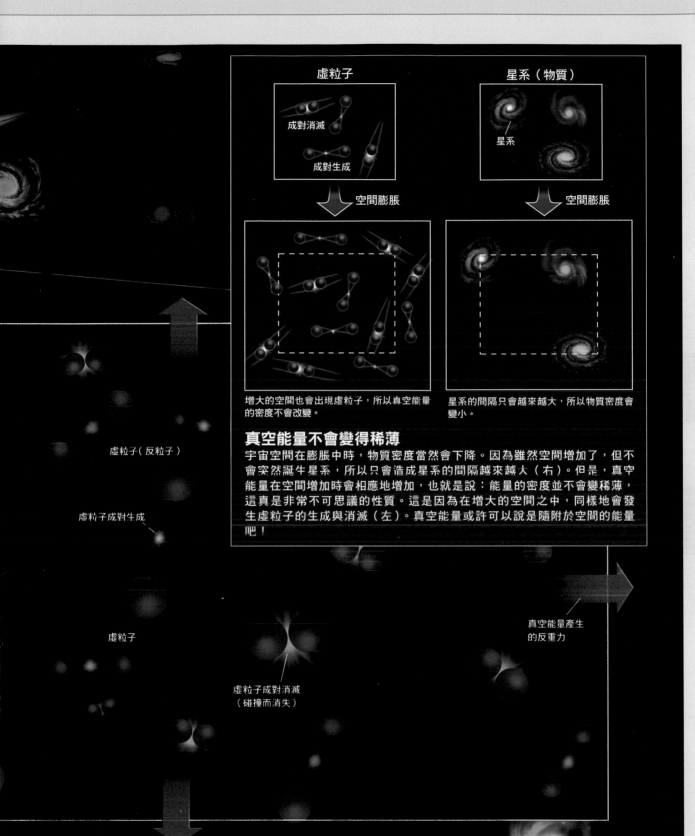

虛粒子

成對消滅

成對生成

星系（物質）

星系

空間膨脹

空間膨脹

增大的空間也會出現虛粒子，所以真空能量
的密度不會改變。

星系的間隔只會越來越大，所以物質密度會
變小。

真空能量不會變得稀薄

宇宙空間在膨脹中時，物質密度當然會下降。因為雖然空間增加了，但不
會突然誕生星系，所以只會造成星系的間隔越來越大（右）。但是，真空
能量在空間增加時會相應地增加，也就是說：能量的密度並不會變稀薄，
這真是非常不可思議的性質。這是因為在增大的空間之中，同樣地會發
生虛粒子的生成與消滅（左）。真空能量或許可以說是隨附於空間的能量
吧！

虛粒子（反粒子）

虛粒子成對生成

虛粒子

真空能量產生
的反重力

虛粒子成對消滅
（碰撞而消失）

簡直就是個幽靈？電子會穿透牆壁！

電磁波具有穿透障礙物的性質（1）。例如，可見光碰到玻璃，會有一部分反射，一部分穿透。行動電話的無線電波能抵達室內，原因之一在於無線電波能穿透一些可見光無法穿透的牆壁。至於穿透的程度，則要依無線電波的波長及牆壁的材質等等而定。

電子也具有波的性質，所以也能穿透原本理應無法穿透的「牆壁」！這種現象稱為「穿隧效應」（MAP-13）。這裡所謂電子理應無法穿透的牆壁，可以想像成，例如把許多帶著負電荷的重球（陰離子）排列成一堵牆壁。因為電子也帶著負電荷，所以如果速度比較慢的話，理應會由於電荷間的斥力而被牆壁反彈回來才對（2）。但事實上，有時候即使電子的速度並非相當快速，也會發生穿隧效應穿透這堵牆壁（3），這是因為電子具有波的性質。

※無線電波能抵達室內，也是因為無線電波容易發生繞射（波繞到障礙物背面）的緣故。只要有點小縫隙就能鑽入，散布到房間裡面。

1. 穿透牆壁及玻璃的電磁波

玻璃

行動電話的無線電波

牆壁

可見光

帶著負電荷的重球
（陰離子）

對電子而言的牆壁

2. 電子理應被牆壁反彈……？

速度慢的電子

因負電荷間的斥力而反彈的電子

3. 穿透牆壁的電子

電子波

速度慢的電子

穿隧效應

能量的不準量關係和穿隧效應

不是只有電子才會發生穿隧效應。不過，質量越大的物體越不容易發生穿隧效應，所以我們的身體雖然穿透牆壁的機率不是絕對的零，但也和零相去不遠（4）。至於質量極小的基本粒子，穿透牆壁的效應便大得驚人。

電子的穿隧效應，可以從能量的不準量關係來思考。例如，想像一片像插圖5的山坡吧！A地點的高度和B地點相同，位於A地點的球不可能滾到比B地點更高的地方，所以無法越過山丘。若要越過B地點以上，則球在A地點必須擁有更多的能量才行。

但是，根據能量和時間的不準量關係，電子是有可能在極短時間內獲得足以越過山丘的能量，滾到山丘的另一側。從外部來看這個情景，就像是「電子在不知不覺中穿過山丘移動到另一側」。

4. 我們的身體也能穿透牆壁？？
人類的身體穿透牆壁的機率不是絕對的零，但宇宙誕生迄今的大約140億年間，具有龐大質量的人體穿透牆壁的事情從來沒有發生過。

5. 電子穿透理應無法越過的山丘

穿透牆壁的電子

若是普通的球，只能在這個區間來回……

電子穿透山丘

A

B

電子

穿隧效應引發的
原子核衰變

　　1928年，加莫夫（MAP-O）等人成功地利用穿隧效應說明了原子核為何會發生某種衰變的原因。這裡所說的「衰變」，是指鈾等放射性物質的原子核放出稱為「α粒子」的粒子，而成為稍微輕一點的原子核的現象，稱為「α衰變」（1）。

　　α粒子是由兩個質子和兩個中子構成的粒子。如果放射性物質放出許多α粒子，會成為一種稱為「α射線」的放射線。

　　α粒子具有穩定而集結力強的性質，因此即使在原子核裡面，也會以兩個質子和兩個中子構成α粒子的團塊而存在（2）。**原子核裡面的質子和中子藉由稱為「強核力（強力）」的力牢固地結合在一起（3）。**強核力只有在原子核裡面作用，卻遠比靜電力更加強大。由於質子帶著正電，所以質子彼此會因為靜電力而互相排斥，但是強核力克服了這個斥力，把原子核裡面的粒子結合在一起，使得原子核能夠維持住一個團塊的形態。

　　原子核裡面的α粒子，被強核力束縛在原子核裡面，所以一般認為它無法脫離原子核飛出外面。α粒子彷彿被困在強核力製造的「能量山」的谷底（4）。若要飛出原子核的外面，必須從某個地方「借」來能量才行。

　　但是，**α粒子有時候會發生穿隧效應，穿透這個能量障壁，飛出原子核外面。**α粒子一旦從原子核飛出來，就不再受到強核力的束縛。另一方面，由於原子核帶著正電，所以會和α粒子的正電互相排斥，使得α粒子以猛烈的勁道飛走。這就是α衰變。

　　打個比方來說，就好像原本塞在客滿電車中動彈不得的人，突然穿越擁擠的人群而衝出車廂一般（5）。

加莫夫

具有放射性的原子核

2. 在原子核裡面也會以α粒子的形態集結在一起

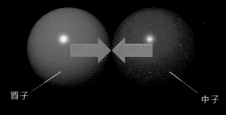

質子　　　　　　　　　　　中子

3. 強大的核力

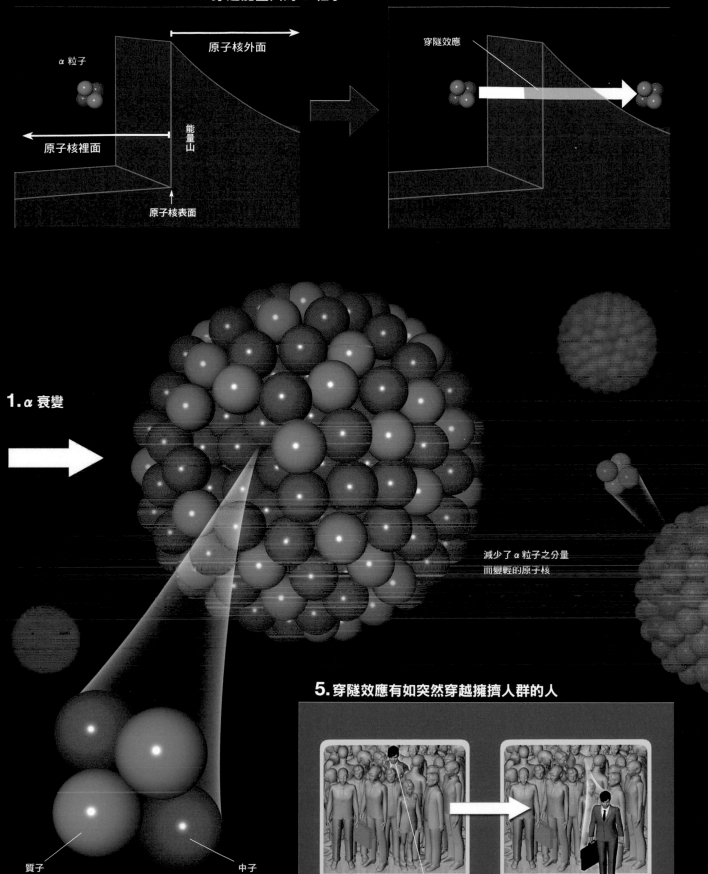

4.穿透能量山的 α 粒子

α 粒子

原子核外面

原子核裡面

能量山

原子核表面

穿隧效應

1.α 衰變

減少了 α 粒子之分量
而變輕的原子核

質子　　　　　　　　　中子

α 粒子

5.穿隧效應有如突然穿越擁擠人群的人

擁擠的電車　　站在擁擠人群中的人　　穿越擁擠的人群

Q8 穿隧效應有什麼實際的例子？

註：針對疑問（Q）之解答（A）以粗字表示。

博士：量子論有一個著名的現象，稱為「穿隧效應」。是指微觀粒子穿透了原本理應無法穿透的牆壁的現象。

學生：微觀世界的「牆壁」，具體來說是什麼樣的東西？

博士：就是「能量的障壁」。例如，在巨觀世界中兩顆帶正電的球緩緩地接近，會由於彼此正電的斥力，在半途就反彈跳開了（a）。這兩顆球無法撞在一起的原因，是因為在兩顆球之間有靜電能量的障壁存在，而這兩顆球並未具備足以突破這道障壁的運動能量（速度）。若要使這兩顆球突破這道能量障壁撞在一起，必須給予能夠超越靜電能量障壁的運動能量（速度）才行。

學生：如果是在微觀世界進行同樣事情的話，會發生什麼樣的狀況呢？

博士：如果是兩個微觀的粒子，即使沒有足夠的速度，也會以某個機率「穿透」靜電能量障壁而撞在一起，這稱為「穿隧效應」。穿隧效應能夠利用量子論（量子力學）的基本方程式（薛

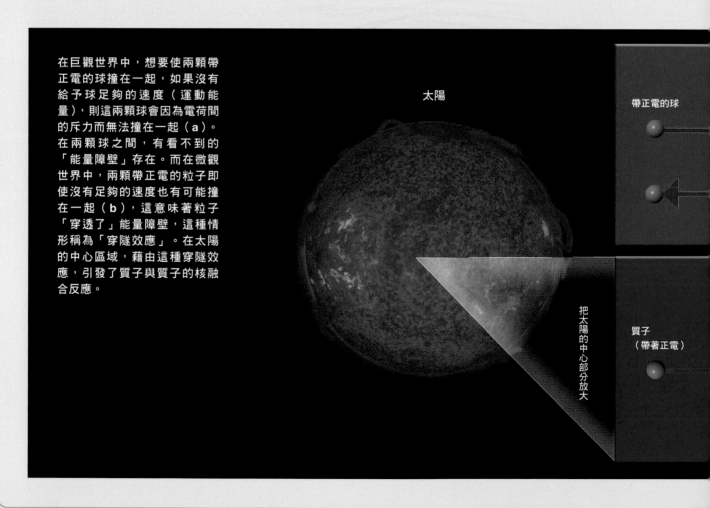

在巨觀世界中，想要使兩顆帶正電的球撞在一起，如果沒有給予球足夠的速度（運動能量），則這兩顆球會因為電荷間的斥力而無法撞在一起（a）。在兩顆球之間，有看不到的「能量障壁」存在。而在微觀世界中，兩顆帶正電的粒子即使沒有足夠的速度也有可能撞在一起（b），這意味著粒子「穿透了」能量障壁，這種情形稱為「穿隧效應」。在太陽的中心區域，藉由這種穿隧效應，引發了質子與質子的核融合反應。

太陽

帶正電的球

把太陽的中心部分放大

質子
（帶著正電）

丁格方程式）以數學方式導出。不過可以直接說：穿隧效應是因為微觀粒子具有波的性質而發生的現象。聲波及行動電話的無線電波能穿透牆壁而有一部分傳到牆壁的另一側，光也能輕而易舉地穿透玻璃之類的障壁。穿隧效應就是類似這樣的現象。

太陽會發光也是拜穿隧效應之賜

博士：事實上，穿隧效應在太陽內部也一直在發生。在太陽的內部，發生氫原子核（質子）互相碰撞、合併的「核融合反應」，而此際所產生的能量使得太陽發光。質子帶著正電，所以若要突破靜電能量障壁而撞在一起，單純來想，必須以極為驚人的速度互相接近才行。這相當於數百億度的高溫。但事實上，太陽中心的溫度才1500萬℃而已。以這樣的溫度，太陽不可能發生核融合反應，也就不會發光了。

學生：可是，太陽卻因為核融合反應而在發光地？

博士：在太陽內部，當質子彼此間接近到某個程度時，會發生穿隧效應而撞在一起，引發核融合反應（b）。質子與質子一旦接觸後，「強核力」（強交互作用）這種引力便會發揮作用，把它們結合成為重氫原子核。強核力在質子相距較遠時不會發揮作用，撞在一起之後才會開始作用。

學生：太陽是拜穿隧效應之賜而發光嗎？我們身受太陽的恩澤，在某個意義上，也可以說是穿隧效應的賞賜囉！　🪐

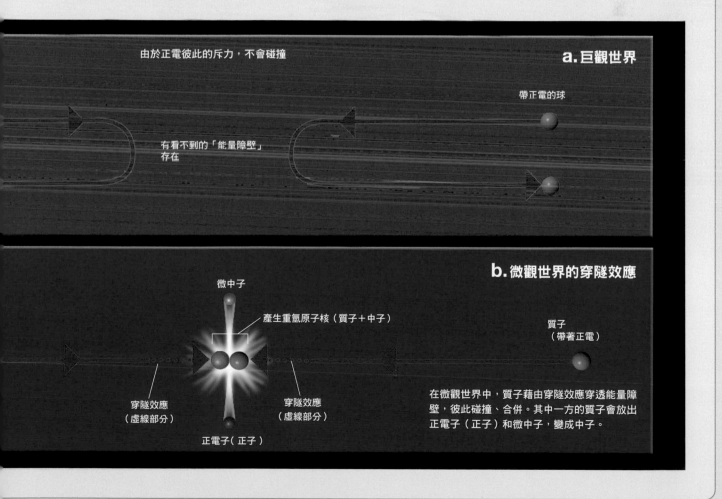

a. 巨觀世界

由於正電彼此的斥力，不會碰撞

帶正電的球

有看不到的「能量障壁」存在

b. 微觀世界的穿隧效應

微中子

產生重氫原子核（質子＋中子）

質子（帶著正電）

穿隧效應（虛線部分）

穿隧效應（虛線部分）

正電子（正子）

在微觀世界中，質子藉由穿隧效應穿透能量障壁，彼此碰撞、合併。其中一方的質子會放出正電子（正子）和微中子，變成中子。

如果沒有量子論，也就不會有電腦誕生

量子論的豐功偉業之一，就是為物理學和化學搭起了橋梁。化學反應為什麼會發生呢？為什麼會產生各式各樣的元素性質呢？對於這些化學領域的根本問題，量子論成功地從理論上提供了解答。

例如，**元素的週期性為什麼會產生呢？** 把元素由輕至重依序排列，發現具有相似性質的元素會週期性地出現，因此可以把它們排成週期表（1）。在週期表中，排在同一個縱列的元素都具有極為相似的性質。例如，最右端一列的6個元素統稱為「稀有氣體」，也稱「惰性氣體」，具有不容易和其他元素發生反應的性質。為什麼會產生這種週期性呢？根據量子論建立的原子電子軌域理論，為我們提供了答案。

化學反應為什麼會發生呢？這個疑問也能夠利用量子論從理論上加以說明。 所謂的化學反應，是指原子和原子結合或分離。原子的這些行為能夠依據量子論進行計算及預測。

例如，兩個氫原子結合成為氫分子（2），這個反應為什麼會發生呢？在量子論誕生前，這是一個未解之謎。但是，在利用量子論進行理論的計算之後，終於闡明了氫分子為何能穩定存在的原因。除了這個例子之外，對於各種分子構造的理解，量子論也具有莫大的貢獻。

此外，量子論也闡明「金屬」、「絕緣體」、「半導體」等各種固體物質的性質。尤其是半導體，是電腦中不可或缺的物質，**如果沒有量子論對半導體的性質提供了正確的理解，恐怕今天這樣的IT社會就不可能誕生了吧！**

所謂的金屬，是指容易導通電流的物質，但以微觀來說，則可說是擁有移動自如的電子（自由電子）的物質（3）。而所謂的絕緣體，是指無法導通電流的物質，沒有自由電子。半導體是介於金屬和絕緣體之間的物質。通常半導體擁有的自由電子不多，但若提高溫度，或加入雜質，則自由電子會增加。諸如此類固體中的電子的行為，都是根據量子論加以闡明。

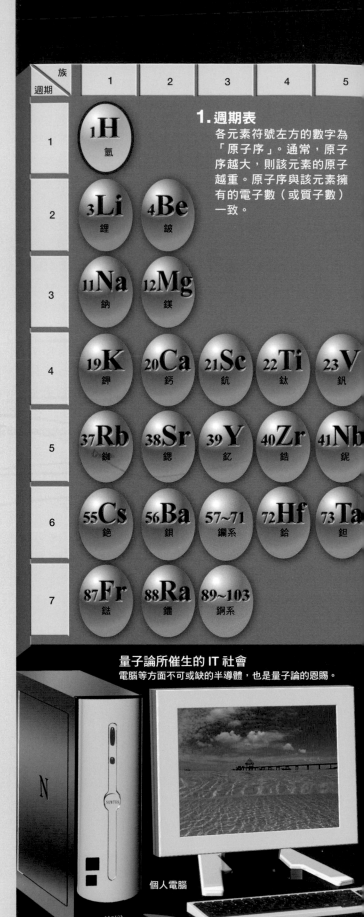

1. 週期表
各元素符號左方的數字為「原子序」。通常，原子序越大，則該元素的原子越重。原子序與該元素擁有的電子數（或質子數）一致。

量子論所催生的 IT 社會
電腦等方面不可或缺的半導體，也是量子論的恩賜。

個人電腦

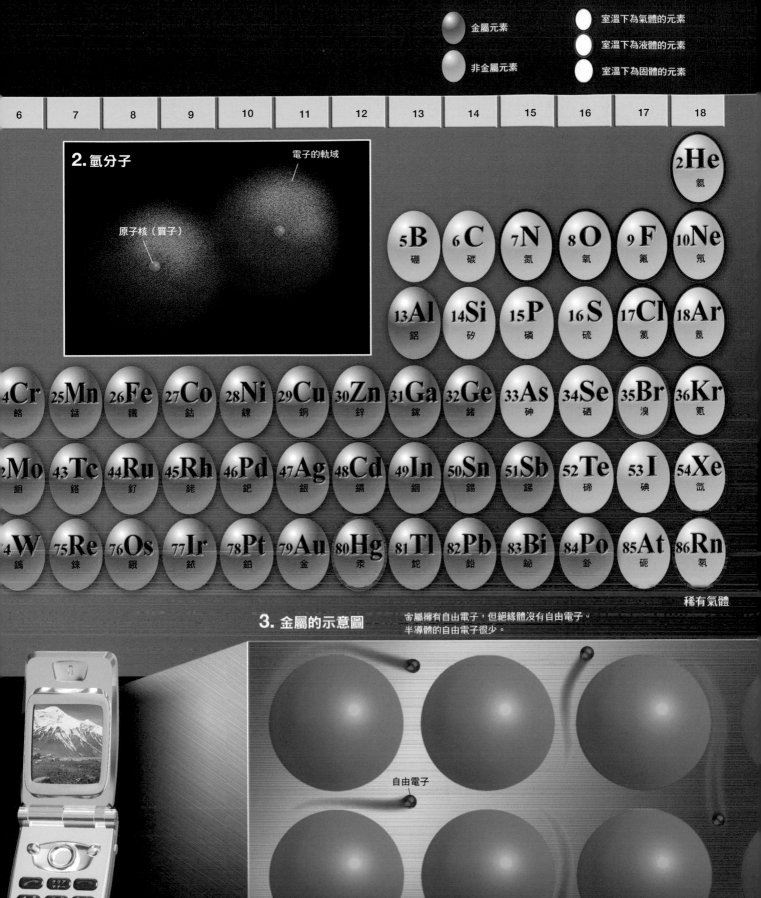

金屬元素

非金屬元素

室溫下為氣體的元素

室溫下為液體的元素

室溫下為固體的元素

| 6 | 7 | 8 | 9 | 10 | 11 | 12 | 13 | 14 | 15 | 16 | 17 | 18 |

2. 氫分子

電子的軌域

原子核（質子）

₂He 氦

₅B 硼　₆C 碳　₇N 氮　₈O 氧　₉F 氟　₁₀Ne 氖

₁₃Al 鋁　₁₄Si 矽　₁₅P 磷　₁₆S 硫　₁₇Cl 氯　₁₈Ar 氬

₂₄Cr 鉻　₂₅Mn 錳　₂₆Fe 鐵　₂₇Co 鈷　₂₈Ni 鎳　₂₉Cu 銅　₃₀Zn 鋅　₃₁Ga 鎵　₃₂Ge 鍺　₃₃As 砷　₃₄Se 硒　₃₅Br 溴　₃₆Kr 氪

₄₂Mo 鉬　₄₃Tc 鎝　₄₄Ru 釕　₄₅Rh 銠　₄₆Pd 鈀　₄₇Ag 銀　₄₈Cd 鎘　₄₉In 銦　₅₀Sn 錫　₅₁Sb 銻　₅₂Te 碲　₅₃I 碘　₅₄Xe 氙

₇₄W 鎢　₇₅Re 錸　₇₆Os 鋨　₇₇Ir 銥　₇₈Pt 鉑　₇₉Au 金　₈₀Hg 汞　₈₁Tl 鉈　₈₂Pb 鉛　₈₃Bi 鉍　₈₄Po 釙　₈₅At 砈　₈₆Rn 氡

稀有氣體

3. 金屬的示意圖

金屬擁有自由電子，但絕緣體沒有自由電子。
半導體的自由電子很少。

自由電子

離子

行動電話

量子論闡明了週期表的意義

在量子論誕生前的1869年，俄羅斯聖彼得堡大學化學教授門得列夫（Dmitri Mendeleev，1834～1907）發表了化學元素的週期表。

門得列夫在撰寫化學教科書的時候，非常苦惱該如何介紹當時發現的63個元素。他從熱愛的紙牌遊戲中得到靈感，把具有相似性質的元素組成一群，依照原子量由小至大排列。

在門得列夫製作的元素週期表當中，他把沒有適合元素的位置列為空欄，並且預言了適合填入空欄之元素的原子量及性質。後來，又發現了幾個新的元素，它們的性質完全符合門得列夫的預言，由此確認了門得列夫之週期表的正確性。

儘管當時對於元素的構造還不了解，卻能夠把元素做井然有序的排列，讓人不得不佩服門得列夫的洞察力。但是，元素的性質從何而來呢？化學反應為什麼會發生呢？對於這些疑問，唯有等待量子論的問世了。

由於量子論的問世，終於闡明了塑造出元素化學性質的原因，就在於「電子」。

電子的軌域宛如一朵雲

插圖中的 **a** 為量子論闡明的氫原子的電子軌域的示意圖[※1]。在第2章，曾經詳細探討過，電子只要沒有被觀測，就不能說它是「在這裡」。它彷彿具有分身術，散布在空間中，因而電子軌道分布於一個區域當中，而這種區域便稱為「軌域」。插圖中，把這樣的電子畫成如同雲朵一般的意象。

在氫原子裡面的電子，通常是位於能量最低的球雲狀的「1s軌域」上（基態）。如果電子吸收了來自外部的光，便會從光獲取能量，躍遷到能量更高的「2s軌域」或「2p軌域」等軌域上（受激態）。

氫以外的元素，也具有和氫原子一樣的軌域形狀特徵。因此，各種元素的電子軌域也和氫原子一樣稱為1s、2s、2p等等。

元素不同則電子的「配置」也不同

各個電子軌域有固定「配額」。一個軌域中頂多只能有 2 個電子存在（包立的不相容原理[※2]）。

例如，原子序（與電子的數量一致）為 2 的氦（He），在1s軌域有 2 個電子；原子序為 6 的碳（C），在1s軌域有 2 個電子，在2s軌域有 2 個電子，在2p軌域有 2 個電子，依循著這樣的模式，從能量最低的軌域依序地「配置」電子。

像這樣，元素不同，電子的配置也就不同。這種電子配置的差異，決定了各種元素的化學性質（容易成為什麼樣的離子、容易與什麼樣的物質起反應等等）。尤其是位於最外側（能量最高）軌域（最外殼層）的電子數，影響最大。在週期表中，最外殼層電子數相等的元素基本上是排在同一列。

質子和中子都依循「包立的不相容原理」

現在我們知道不只是電子，就連質子和中子等等也依循包立的不相容原理（**b**）。這些粒子統稱為「費米子」（fermion）。另一方面，也有一些粒子不適用包立的不相容原理，這些粒子統稱為「玻色子」[※3]。而光子就是玻色子的代表性粒子。　　　🪐

※1：根據量子論的基本方程式（薛丁格方程式）導出的圖像。不過，如果電子數增多，會比較不容易正確計算，氫以外的元素只能求得近似的解。

※2：包立的不相容原理，專業術語的說法為「不會有 2 個以上的電子取得完全相同的量子狀態」。區別電子軌道的三個要素為「與原子核的距離」、「基本的形狀」、「方向的差異」，分別稱為「主量子數」、「方位量子數」、「磁量子數」。此外，電子具有兩個「自旋」（相當於巨觀物體自轉的量）方向相反的狀態，而區別這個狀態的要素是「自旋量子數」。包立的不相容原理就是指不可能有這些量子數（量子狀態）完全相同的電子存在。

※3：嚴格來說，粒子的自旋量子數為半整數（0.5、1.5、2.5……）者稱作費米子，整數者稱作玻色子。

a. 由量子論闡明氫原子的電子軌域

本圖所示為能量較小的三個電子軌域（以藍色點的分布表示），實際上還有許多能量更高的軌域。除了氫原子以外，其他原子通常擁有多個電子，所以這些軌域是以同一個中心而疊合存在。

與常見的電子軌域
簡圖的對照

K殼層（1s）

L殼層
（2s，2px，2py，2pz）

原子核

包立^{（MAP-P）}

2s軌域

2p軌域*

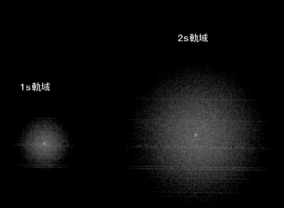

1s軌域

z方向

y方向

x方向

*2p軌道形成啞鈴的形狀。這個「啞鈴」具有3個獨立的方向（x、y、z軸方向），稱為2px、2py、2pz軌域。

構成物質之基本粒子家族

傳送力的基本粒子
（第110頁）

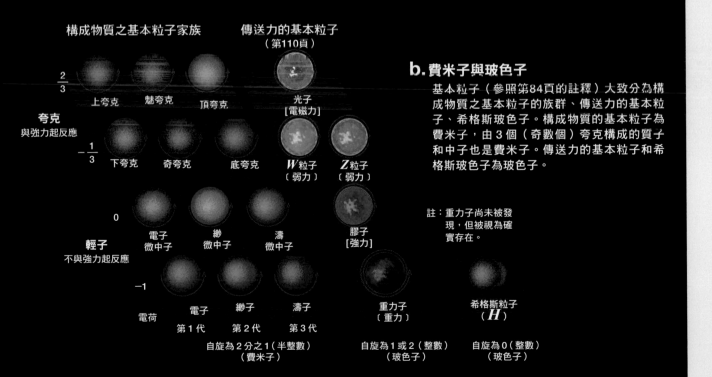

$\frac{2}{3}$

上夸克　魅夸克　頂夸克

光子
[電磁力]

夸克
與強力起反應

$-\frac{1}{3}$

下夸克　奇夸克　底夸克

W粒子
〔弱力〕

Z粒子
〔弱力〕

0

電子
微中子

緲
微中子

濤
微中子

膠子
[強力]

輕子
不與強力起反應

−1

電子

緲子

濤子

重力子
〔重力〕

希格斯粒子
（H）

電荷

第1代　第2代　第3代

自旋為2分之1（半整數）
（費米子）

自旋為1或2（整數）
（玻色子）

自旋為0（整數）
（玻色子）

b. 費米子與玻色子

基本粒子（參照第84頁的註釋）大致分為構成物質之基本粒子的族群、傳送力的基本粒子、希格斯玻色子。構成物質的基本粒子為費米子，由3個（奇數個）夸克構成的質子和中子也是費米子。傳送力的基本粒子和希格斯玻色子為玻色子。

註：重力子尚未被發現，但被視為確實存在。

量子論闡明了化學反應的機制

氫、氧、氮等元素通常由兩個原子結合成為「分子」，但是原子屬於電中性，似乎沒有靜電引力的作用，為什麼能夠牢牢地結合在一起而成為分子呢？

假設兩個氫原子從遠距離逐漸靠近（a）！隨著距離越來越近，各個氫原子的電子軌域（1s軌域）逐漸受到另一個氫原子的影響，軌域的形狀開始起了變化。

根據量子論進行計算的結果，兩個原子的1s軌域會形成兩個新形狀的「分子軌域」（成鍵分子軌域和反鍵結分子軌域）（b），且這兩個軌域的能量有差異。將各軌域對應的能量值由低到高排成階梯狀，如101頁與103頁圖中所示，而每個軌域的能量值成為一

觀察氫分子中的「電子雲」即可得知鍵結的機制

假設讓兩個氫原子（左頁，各有一個電子）逐漸靠近，電子雲（軌域）就會發生變化，最後創造出與原本的原子軌域不一樣的「分子軌域」（右頁）。分子軌域分為穩定的「成鍵分子軌域」和不穩定的「反鍵結分子軌域」。在一個分子軌域上，能夠放入兩個電子，所以成鍵分子軌域通常有兩個電子存在。

成鍵分子軌域的中央附近，亦即原子核（正電荷）之間，電子雲（負電荷）的濃度會提高。因此，原子核會被牢牢拉住在它的範圍內。這可以說就是促使氫原子互相結合成為氫分子的力的本尊。

a.

氫原子（1s軌域）
→1個電子

氫原子（1s軌域）
→1個電子

原子核

把兩個氫原子逐漸拉近……

電子雲
（以藍點的分布表示）

形成分子軌域

個能階。

　一個軌域可以容納兩個電子進入，所以兩個電子都會「配置」在分子軌域當中能量較低的那一個（成鍵分子軌域）。

　依計算所得，能量較低的分子軌域上，兩個原子核之間的「電子雲」會變濃（電子的發現機率較高）。原子核帶著正電荷，電子帶著負電荷，所以在原子核和電子雲濃密的區域之間，會產生靜電引力的作用（c）。結果，原子核便以電子為媒介而緊密地結合在一起。這就是氫原子會形成氫分子的原因。

　像這樣，根據量子論來思考電子軌域的方法，已經發展成為「量子化學」。沒有量子化學，就無從了解各式各樣的原子及分子性質、各種化學反應的機制等等。這些問題都藉由依據量子化學的電腦模擬，逐一揭開了謎底。

　現今，在化學工業及醫藥品的開發等領域，量子化學已然成為不可或缺的工具，未來的發展更是備受期待。

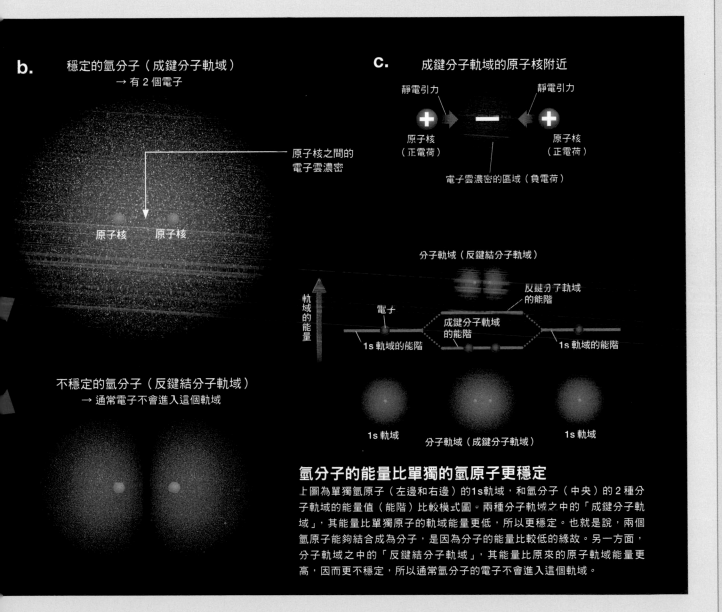

b. 穩定的氫分子（成鍵分子軌域）
→ 有 2 個電子

原子核之間的電子雲濃密

原子核　　原子核

不穩定的氫分子（反鍵結分子軌域）
→ 通常電子不會進入這個軌域

c. 成鍵分子軌域的原子核附近

靜電引力　　　　　靜電引力

＋　　－　　＋

原子核（正電荷）　　　原子核（正電荷）

電子雲濃密的區域（負電荷）

分子軌域（反鍵結分子軌域）

軌域的能量

電子

反鍵結分子軌域的能階

成鍵分子軌域的能階

1s軌域的能階　　　　　　　1s軌域的能階

1s軌域　　分子軌域（成鍵分子軌域）　　1s軌域

氫分子的能量比單獨的氫原子更穩定

上圖為單獨氫原子（左邊和右邊）的1s軌域，和氫分子（中央）的2種分子軌域的能量值（能階）比較模式圖。兩種分子軌域之中的「成鍵分子軌域」，其能量比單獨原子的軌域能量更低，所以更穩定。也就是說，兩個氫原子能夠結合成為分子，是因為分子的能量比較低的緣故。另一方面，分子軌域之中的「反鍵結分子軌域」，其能量比原來的原子軌域能量更高，因而更不穩定，所以通常氫分子的電子不會進入這個軌域。

IT社會是由量子論所催生
量子論也闡明了固體的性質

銅、鐵等「金屬（導體）」能導通電流（電子的流動），但一般的陶瓷器等「絕緣體」，除非施加非常高的電壓，否則無法導通電流。而矽（Si）、鍺（Ge）之類的「半導體」，則介於導體和絕緣體之間，能夠導通少量的電流。

不同物質的電性質差異，也可以用量子論加以解釋。量子論採取和前頁介紹的「依據原子的電子軌域得出分子的電子軌域」相似的做法，把固體視為由許多原子或分子集結而成的物質，也可以理解其中的電子行為。

像這樣，把巨觀物質視為許多原子的集團，利用量子論了解其性質的物理學，稱之為「凝體物理學」。也由此可知，量子論的「守備範圍」並不僅止於微觀世界。

固體中的電子可具有的能量範圍成為「能帶」

以下稍加說明凝體物理學的思考方式。

首先來思考，在單獨的原子中，電子可具有的軌域（a）。原子中的電子有許多個能夠呈現的

軌域，若以能量為縱座標，則各個軌域的能量值（能階）會形成一條斷斷續續的「線」。電子由能量較低的軌域開始依序填入。

接著，由原子組合而成的分子（b），如果兩個原子接近而形成分子，則電子能夠具有的能量會各自「分裂」成高低兩個（參照前頁右下方的插圖）。

接下來，再看看由原子進一步集結而成的固體（c）。電子能夠具有的能量會分裂得更細，密密麻麻地幾乎疊合在一起，變成不再是一條線，而是具有某個寬度的帶子，稱為「能帶」。能帶之間的部分稱為「能隙」。電子無法具有位於能隙中的能量數值。

固體的 3 種能帶構造

固體也和原子及分子一樣，其中的電子由能量較低的能帶開始依序填補。以「金屬」來說，在有電子存在的能帶之中，能量最高的能帶處於電子沒有完全填滿的狀態（①）。在這種狀況之下，如果由外部施加電壓，電子就能成為自由電子，在「空的空間」移動。由於「電子的流動＝電流」，所以這樣的物質能夠導

通電流。

而以「絕緣體」和「半導體」來說，在有電子填入的能帶之中，能量最高的能帶處於「電子完全填滿的狀態」（②、③）。即使施加電壓，電子也不會移動，所以不會導通電流。

使這種物質變成能夠導通電流的方法，是把能量給予電子，使電子「躍遷」到更上方的「空的能帶」。能隙大的物質中，通常不可能發生這種躍遷，這種物質稱為「絕緣體」（②）。

另外還有矽（Si）這種能隙比較窄的物質。這類物質在溫度上升時，獲得熱能的電子有機會越過能隙，移動到空的能帶。這麼一來，雖然不如金屬容易導電，但多多少少能夠導通一些電流。此外把雜質混入其中，也可以把電子「注入」空的能帶，藉此而能調節導電的容易度。這種物質稱為「半導體」。

上述這個利用「能帶」的概念來思考固體性質的理論，就是凝體物理學之中的「能帶理論」。

藉著把雜質混入半導體，或是把多種半導體加以組合，可以創造出各式各樣的元件。例如「二

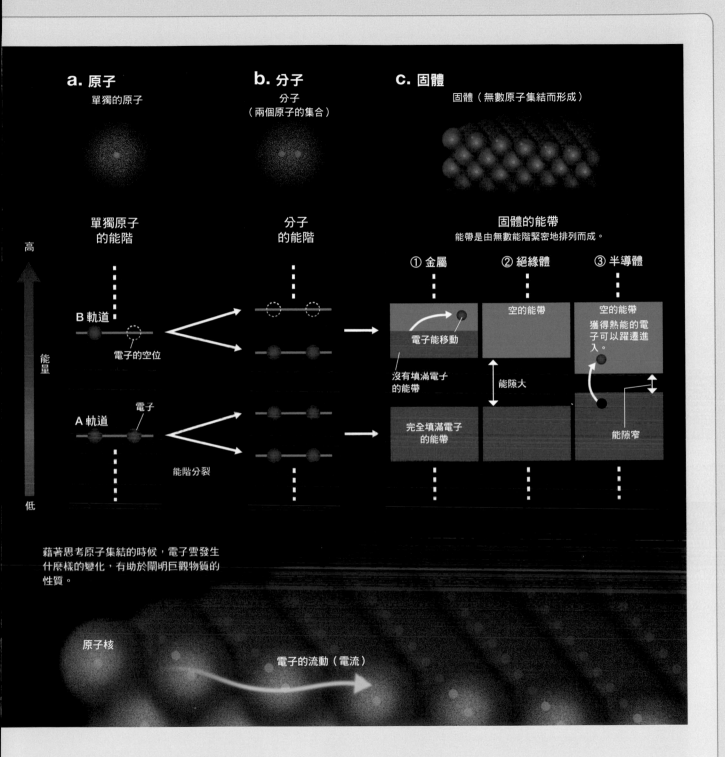

a. 原子
單獨的原子

b. 分子
分子
（兩個原子的集合）

c. 固體
固體（無數原子集結而形成）

單獨原子
的能階

分子
的能階

固體的能帶
能帶是由無數能階緊密地排列而成。

① 金屬　　② 絕緣體　　③ 半導體

高

能量

低

B 軌道

電子的空位

電子

A 軌道

能階分裂

空的能帶

電子能移動

沒有填滿電子
的能帶

完全填滿電子
的能帶

空的能帶

能隙大

空的能帶
獲得熱能的電
子可以躍遷進
入。

能隙窄

藉著思考原子集結的時候，電子雲發生
什麼樣的變化，有助於闡明巨觀物質的
性質。

原子核

電子的流動（電流）

極體」※1和「電晶體」※2就是使用多種半導體組合而成。把許多個這類元件密集地排列，可以製造出電腦的心臟部位IC（積體電路）。IC不僅使用在個人電腦及行動電話上，也使用在家電製品等方面。而這些可以說都是凝體物理學（也就是量子論）的恩賜。

※1：使電流只能往某個方向流動，不能朝相反方向流動的元件。
※2：使用於電訊號的放大、切換電流的開／關的開關等方面的元件。

在巨觀世界中顯現的量子現象「超流性」與「超導性」

量子現象原本是在原子及分子層級的微觀世界中顯現。但是，這種量子現象有時也會在肉眼可見的巨觀世界中顯現，「超流性」（superfluidity）和「超導性」（superconductivity）就是典型的例子。

「超流性」是指液體完全沒有承受阻力地流動的現象。

一般而言，無論什麼液體，多多少少都有一些黏性存在。想把注射器中的水壓出來時，手指應該會感受到阻力。這就是水通過細管時，由於黏性所產生的阻力。

但是，如果把氦冷卻到絕對溫度大約2K（負271℃）以下（氦在常溫為氣體，在絕對溫度約4K以下變成液體），無論多細的管子都能輕而易舉地通過。此外，如果把它裝入容器中，還會沿著容器的壁面往上爬，溢出容器外面（a）。

玻色-愛因斯坦凝聚

究竟是什麼原因，導致這種不可思議的現象發生呢？

第98～99頁介紹的「玻色子」，由於沒有包立不相容原理的作用，所以在極低溫的狀況下，無數粒子會落在相同的最低能量狀態（基態）。這麼一來，無數粒子的波會因相位一致而合成為一個大波，亦

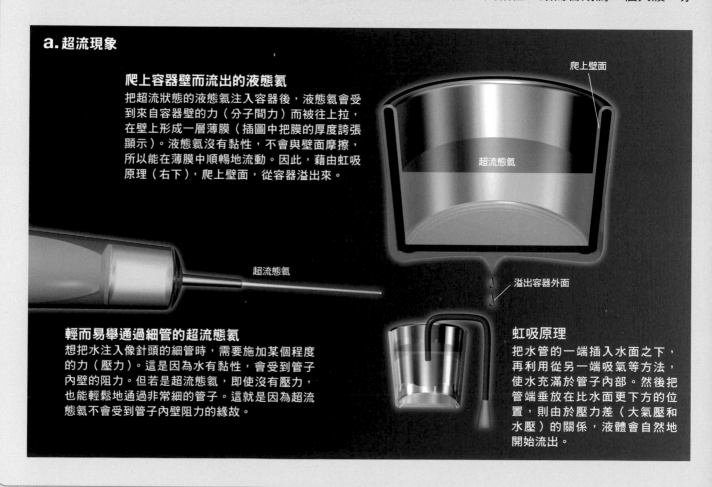

a. 超流現象

爬上容器壁而流出的液態氦
把超流狀態的液態氦注入容器後，液態氦會受到來自容器壁的力（分子間力）而被往上拉，在壁上形成一層薄膜（插圖中把膜的厚度誇張顯示）。液態氦沒有黏性，不會與壁面摩擦，所以能在薄膜中順暢地流動。因此，藉由虹吸原理（右下），爬上壁面，從容器溢出來。

爬上壁面

超流態氦

超流態氦

溢出容器外面

輕而易舉通過細管的超流態氦
想把水注入像針頭的細管時，需要施加某個程度的力（壓力）。這是因為水有黏性，會受到管子內壁的阻力。但若是超流態氦，即使沒有壓力，也能輕鬆地通過非常細的管子。這就是因為超流態氦不會受到管子內壁阻力的緣故。

虹吸原理
把水管的一端插入水面之下，再利用從另一端吸氣等方法，使水充滿於管子內部。然後把管端垂放在比水面更下方的位置，則由於壓力差（大氣壓和水壓）的關係，液體會自然地開始流出。

即會表現出宛如一個大粒子的行為。於是,粒子在微觀世界中具有的量子性質,便會在巨觀世界中顯現出來。

愛因斯坦從印度物理學家玻色(Satyendra Nath Bose,1894～1974)提出的論文得到靈感,而在1924年預言了這種現象,因此被稱為「玻色-愛因斯坦凝聚」(Bose-Einstein condensation,BEC)。

在BEC的狀態下,通常各個氦原子無法採取「單獨行動」,即使遇到障礙物也不會阻擾它的流動,亦即阻力變為零。這時候的液態氦具有超流性,成為超流態的氦。

在1995年,由於「雷射冷卻法」這項技術的發展,首度使氦以外的液體呈現超流性,那是氣體原子集團所造成的BEC。

「超導性」(簡稱為「超導」)是指電子呈現超流性的現象,而呈現超導性的物體稱為「超導體」。超導體的電阻為零,即使沒有施加電壓,電流也會持續流動。電子是受到包立的不相容原理限制的費米子,但是在超導體中,兩個電子卻會成對地運動(庫柏對),表現出宛如玻色子的行為。

順帶一提,天然存在的氦有兩種,一種是由兩個質子、兩個中子構成的「氦-4」,另一種是由兩個

質子、一個中子構成的「氦-3」。前者是玻色子,後者是費米子。事實上,現在已經得知,不只玻色子「氦-4」會顯現超流性,就連費米子「氦-3」也會顯現超流性。就像超導的庫柏對一樣,氦-3的兩個原子會組成一對而發生超流動。

超導除了電阻為零之外,還具有其他有趣的性質,例如「約瑟夫森效應」(Josephson effect)和「邁斯納效應」(Meissner Effect)(b)。

有關BEC、超流體、超導體的研究,經常會受到諾貝爾物理學獎的青睞。 ✑

b. 超導現象

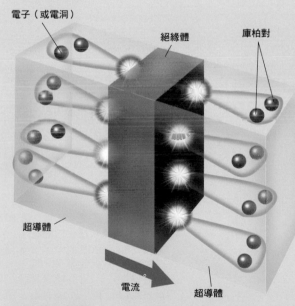

約瑟夫森效應
用超導體夾住沒有導通電流的薄絕緣體,庫柏對(Cooper pair)會穿越絕緣體而產生電流。這是原本只會在原子層級的微觀世界中顯現的量子力學效應,卻在巨觀世界顯現的稀有現象。

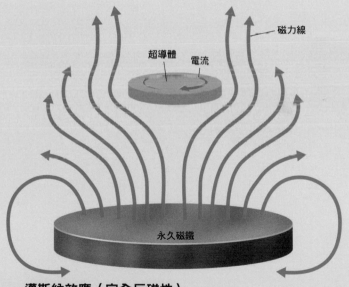

邁斯納效應(完全反磁性)
超導體排斥磁場:如果拿永久磁鐵靠近它,它會產生沿特定方向的電流,因而此電流會造成另一個磁場,其方向與磁鐵磁場的方向相反,使得超導體內的總磁場等於零。由於電流持續在流動,所以超導體會一直懸浮在磁鐵上。不過,這個懸浮力並不大。經常受到誤解的是,磁浮列車並非藉由這個效應懸浮,而是利用超導電磁鐵懸浮。

何謂「量子生物學」？

近年企圖利用量子論（量子力學）來闡明生命現象的「量子生物學」或「量子生命科學」逐漸受到矚目。世界各國在2012年首次召開國際會議，日本也在2017年創設了「量子生命科學研究會」（2019年轉為學會）。

量子生物學的萌芽可以追溯到20世紀的前半期。尤其是量子物理學家薛丁格於1944年撰寫的著作《生命是什麼？》，可謂至關重要。在這本書中，他思考了「在理解生命現象上，量子論有多麼重要呢？」

這本從物理學的觀點來思考生命的著作引起了很大的話題，自此以後，以「分子生物學」為中心的近代生命科學就有了蓬勃的發展。

不過，對於生命現象的理解，雖然已經深入到分子層級，但在量子的層級卻還不夠充分。其實，基本上不利用量子力學也能理解生命這個重要的現象，這是包括薛丁格在內的眾多研究者的共識。

近年來，量子生物學再度受到矚目的背景之一，是由於實驗技術的進步，讓我們能夠更微觀地、更定量地闡明生命分子的構造及行為。在這當中，出現了必須利用量子力學才能圓滿說明的生命現象。

光合作用是量子電腦？

首先介紹植物以及細菌進行的「光合作用」。光合作用的第一步，是從集光用蛋白質內的許多色素（葉綠素）接收光開始。光帶來的能量（激發能量）在色素之間傳送，匯集到稱為「反應中心」的地方。已知在這個初期階

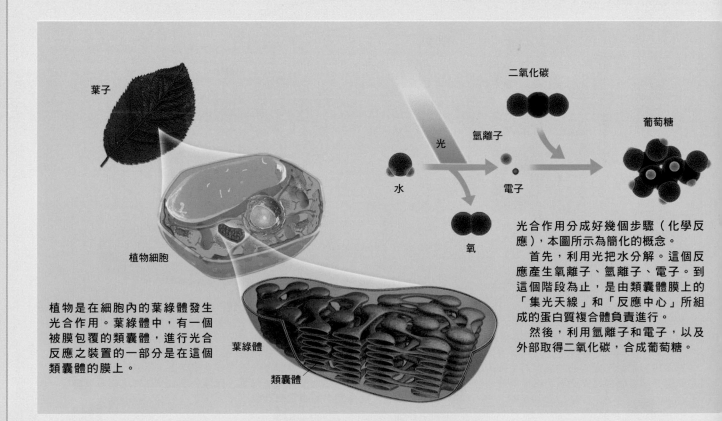

葉子

植物細胞

植物是在細胞內的葉綠體發生光合作用。葉綠體中，有一個被膜包覆的類囊體，進行光合反應之裝置的一部分是在這個類囊體的膜上。

葉綠體

類囊體

二氧化碳

葡萄糖

光

氫離子

水

電子

氧

光合作用分成好幾個步驟（化學反應），本圖所示為簡化的概念。

首先，利用光把水分解。這個反應產生氧離子、氫離子、電子。到這個階段為止，是由類囊體膜上的「集光天線」和「反應中心」所組成的蛋白質複合體負責進行。

然後，利用氫離子和電子，以及外部取得二氧化碳，合成葡萄糖。

協助：田中成典 日本神戶大學系統情報學研究科研究所教授

段，激發能量是以幾近100％的效率被匯集到反應中心。為什麼能夠實現如此高的能量轉換效率，原因尚未明瞭。

2007年，學界發表了一篇極具衝擊性的論文。某種細菌在行光合作用時，激發能量在被傳送到反應中心之前，可能會同時地（量子干涉性地）通過多個路徑。這表示，可把光合作用視為一種藉由量子效應而產生效率性的「量子電腦」。這件事情在科學家之間引起很大的討論，成為現今十分活躍的研究主題之一。

「量子糾纏」與候鳥

另一個例子是候鳥（歐洲歌鴝）的地磁感應。一般認為，候鳥是藉由感應地磁場才得以正確地長距離移動。但候鳥的體內必須要進行某些化學反應才能夠產生知覺，而地球的磁場非常微弱，只有引發化學反應所必需磁場的100分之1左右而已。因此，候鳥感應地磁場的機制成為一個大謎題。

這個神祕機制的假說之一，與「量子糾纏」有關。在歐洲歌鴝（屬名：Erithacinae）的視網膜裡面，發現了一種稱為「藍光受體」（隱花色素）的蛋白質。這種蛋白質有可能一接觸到藍光就會形成「糾纏的電子對」，表現出即使微弱的磁場也能起反應之「微

觀磁鐵」的行為。雖然這是一項很大膽的假說，卻是量子力學與巨觀生命機能有關的例子，期待未來能有更進一步的研究發展。

對生命有更根源性的理解

除此之外，量子生物學的對象還包括遺傳現象、嗅覺與視覺的機制、酵素的反應機制等等，層面十分廣泛。

量子生物學未來或許能對更根源性的問題提供答案。生命的起源與演化、意識的問題等等，生命至今仍然充滿了謎團。我們期待，生命科學運用最尖端的量子力學與量子論，為我們解答生命的本質。

地磁場

歐洲歌鴝

量子論成功地說明了自然界四種力之中的三種

截至目前為止，我們都是在談量子論如何闡明電子及原子核等「物質」的極限姿態。後來量子論也有往闡明「力」的機制上發展。**自然界有四種力存在，而闡明物質和力的機制，將有助於了解自然界的根本原理。**這是物理學的終極夢想。

量子論首先說明了構成電子等物質的粒子具有波的性質。接著，量子論又顯示出，以往一直認為傳送方式和波相同的力，可以利用「粒子」的形式來處理。

量子論利用「粒子的投接球」來說明力。不過，這裡所說的粒子，是指量子論的粒子，所以如同電子和光子一樣具有「波粒二象性」。

以在兩艘船之間傳接球（1）為例，投球時，它的反作用會使船後退。另一方面，接到球的那艘船也會因為反作用而後退。由於船隻互相遠離，所以可視為船隻之間有斥力在作用。但像插圖2這樣投接迴旋鏢的兩艘船則會互相靠近，這可視為船隻之間有引力（互相吸引的力）在作用。

以上所述純粹只是比喻，並不能算是量子論對於「力」的正確說明。不過，希望你能掌握住「利用粒子的交換（放出與吸收）來說明力」這個要旨。

自然界的四種力，由各別「傳送力的粒子」所引發。**第一種是電磁力（3）。**它是電場和磁場造成的力，例如帶電粒子間的靜電力、磁鐵間的磁力、帶電粒子在磁場中所受的力。**第二種是會引發 β 衰變（beta decay）等現象的「弱核力（弱力）」（4）。**所謂的 β 衰變，是指原子核內的一個中子崩解成為質子、電子和微中子等基本粒子的現象。第三種是第92頁曾經介紹的「**強核力（強力）**」（5）。強核力把質子和中子牢固地結合在原子核內[※]。最後的**第四種是重力（6）**，重力是地球吸住地表上的物體、天體互相吸引的力。在下一頁，將介紹致力於完成「重力的量子論」的研究動態。

1. 面對面的投接球（相當於斥力）

因投球的反作用而後退

因接球的反作用而後退

球

船隻互相遠離（相當於斥力）

船

※ 把物體往前投出時，投出的人因反作用而承受朝後方的力（作用與反作用定律）。

迴旋鏢

船隻互相靠近（相當於引力）

因投擲的反作用而後退

因接取的反作用而後退

2. 投接迴旋鏢（相當於引力）

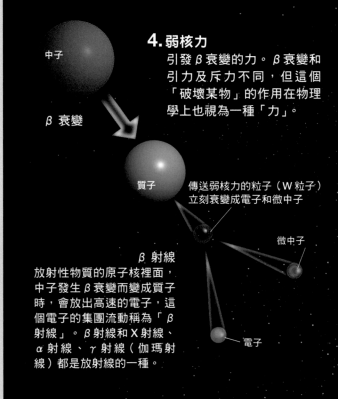

中子

β 衰變

質子

4. 弱核力
引發 β 衰變的力。β 衰變和引力及斥力不同，但這個「破壞某物」的作用在物理學上也視為一種「力」。

傳送弱核力的粒子（W粒子）立刻衰變成電子和微中子

微中子

β 射線
放射性物質的原子核裡面，中子發生 β 衰變而變成質子時，會放出高速的電子，這個電子的集團流動稱為「β 射線」。β 射線和 X 射線、α 射線、γ 射線（伽瑪射線）都是放射線的一種。

電子

※：1934年，日本物理學家湯川秀樹（1907～1981）利用「介子」這種粒子的投接球，成功地說明了強核力。

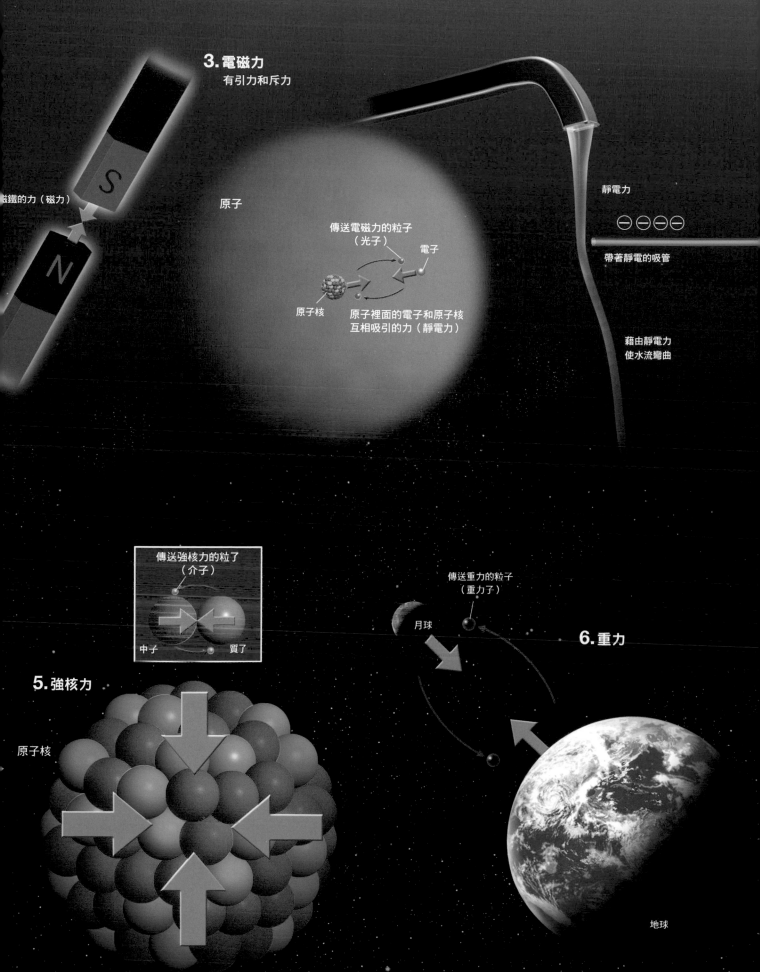

3.電磁力
有引力和斥力

磁鐵的力（磁力）

原子

傳送電磁力的粒子
（光子）
電子

原子核

原子裡面的電子和原子核
互相吸引的力（靜電力）

靜電力

帶著靜電的吸管

藉由靜電力
使水流彎曲

傳送強核力的粒子
（介子）

中子　　　質了

5.強核力

原子核

傳送重力的粒子
（重力子）

月球

6.重力

地球

融合量子論與廣義相對論的「終極理論」

　　量子論接下來的目標，是建構「重力量子理論」（MAP-14），**利用「重力子」這種基本粒子的交換，來說明重力（1）。**不過，重力子也是具有「波粒二象性」的量子論粒子。

　　在現代物理學中，根據愛因斯坦的廣義相對論，重力是具有質量的物體造成空間彎曲所產生※。或許有點難以想像，但廣義相對論認為空間是類似橡膠板的東西。在橡膠板上放一顆很重的保齡球，會使板子往下凹陷，使得鄰近的高爾夫球滾過來（2）。地球藉由重力吸引隕石等物體飛過來，也是基於類似的道理（3）。

量子重力理論的坎坷之路

　　重力量子理論的完成，意味著把量子論和廣義相對論融合在一起。但是，儘管全世界的物理學家長年以來孜孜不倦地挑戰，迄今仍無法融合成功。廣義相對論是在1915年左右提出，而在這個時期，物理學家仍在以嘗試及錯誤的方式建立量子論。因此，愛因斯坦在建立廣義相對論時，並沒有想到要把量子論納入考量。**沒有把量子論考慮在內的物理學稱為「古典論」（古典物理學），而這意味著廣義相對論也屬於古典論。**

　　廣義相對論指出：空間的彎曲會化為振動而向周圍傳播的「重力波」（4）。它是依據波及與其類似的概念來說明重力。但是，如果要融合量子論和廣義相對論，則必須把重力當做是「具有波的性質，同時也具有粒子性質的東西（重力子）」來重新思考，而這就是困難之所在。

　　融合量子論和廣義相對論的嘗試之一，是長久以來相當受到注目的「超弦理論」（superstring theory）。該理論可說是把電子等基本粒子當做「弦」來重新思考的理論（5）。自1980年代以降，超弦理論提出了許多理論上的成果，但至今尚未完備。

1. 以重力子的交換來思考的重力

月球
重力
重力子
重力
重力子
地球

5. 超弦理論的意象圖

現代物理學把基本子粒子當成「點狀」的粒子來思考

電子及光等基本粒子

超弦理論把粒子當成具有長度的「弦」來思考

弦

封閉的弦

弦的長度為10^{-33}公尺左右。原子為10^{-10}公尺左右，原子核為10^{-14}公尺左右。由此可以想見，弦有多麼小吧！

※：更正確的說法是，時間和空間為一體的「時空」扭曲產生了重力。

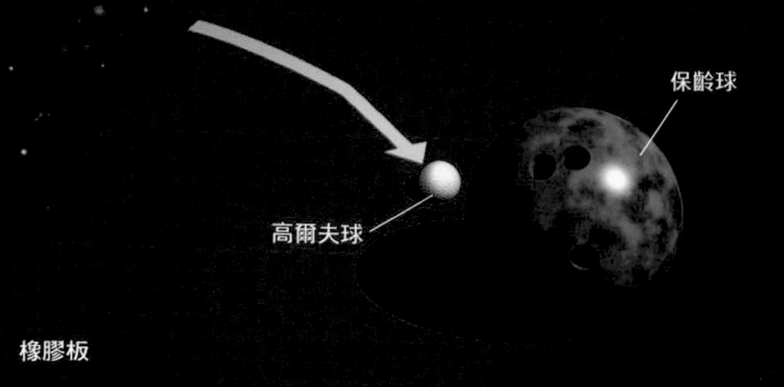

保齡球

高爾夫球

橡膠板

2. 因橡膠板的彎曲所產生的「引力」

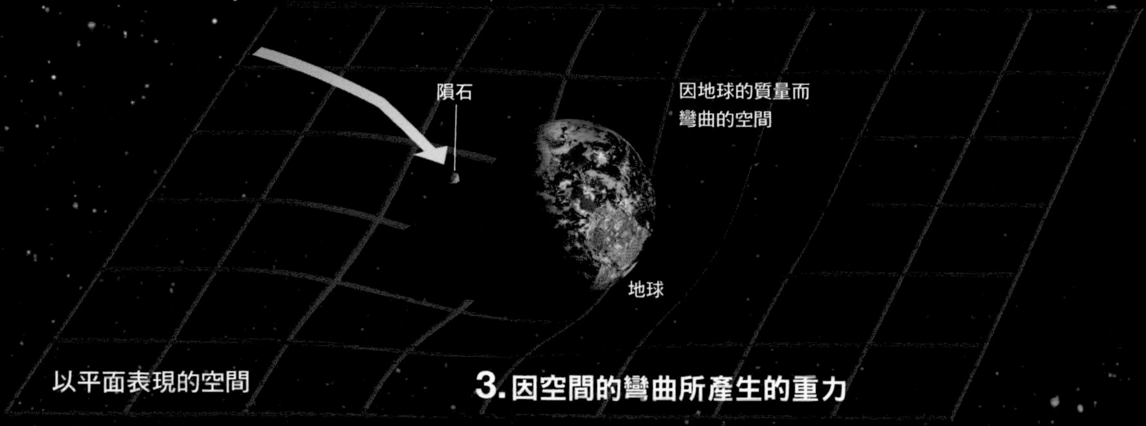

隕石

因地球的質量而
彎曲的空間

地球

以平面表現的空間

3. 因空間的彎曲所產生的重力

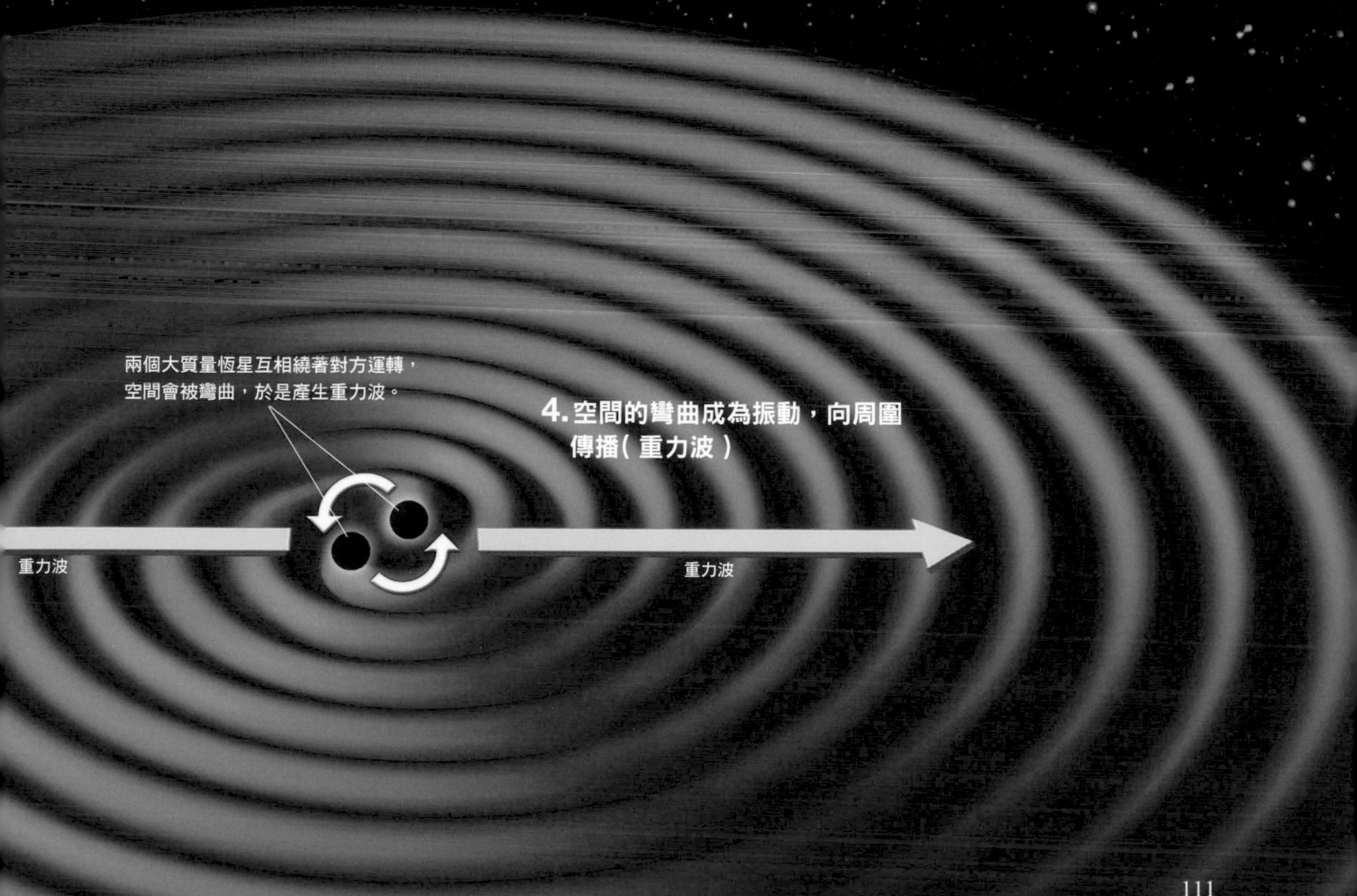

兩個大質量恆星互相繞著對方運轉，
空間會被彎曲，於是產生重力波。

4. 空間的彎曲成為振動，向周圍
傳播（重力波）

重力波

重力波

量子論闡明「從無到有的宇宙創生」

　　期待量子論和廣義相對論融合之後能夠揭開宇宙誕生這個謎題。這也可以說是人類智慧能夠挑戰的終極謎題吧！

　　我們已經知道，宇宙正在持續地膨脹之中（1）。意思是如果我們沿著時間倒溯回到過去，則過去的宇宙遠比現在小得多。把這個想法推到最極致，就是在很久很久以前，宇宙比原子還要小（2）。這樣的話，我們就不能只依據廣義相對論來探討宇宙，也必須利用量子論才行。因此，如果想要解答微觀宇宙的謎題，勢必需要融合廣義相對論和量子論，建立新的理論才行。

「無」也不會一直都是完全的「無」

　　遠古時代的微觀宇宙尚未完全闡明，不過，**宇宙從「無」誕生卻是一個極為有力的假說**（MAP-15）。這裡所謂的「無」，並不是指沒有物質存在、空空蕩蕩的真空，而是不僅沒有物質，就連空間也不存在的狀態（3）。

　　在第84頁曾經介紹過，真空根據量子論並非一直都是空蕩蕩，而是會在極短的時間內，到處都有基本粒子誕生又消滅。主張「一切都是曖昧不明（不確定）」的量子論認為，就像真空一樣，無也不會始終保持著完全的無狀態，會在「無」的狀態和「有」的狀態之間有所變動。所謂「有」的狀態，是指具有空間的微觀宇宙。而從無誕生的微觀宇宙，可能由於某種原因而發生急速的膨脹，成長為我們現今的宇宙（4）。

　　以上所述的「從無到有的宇宙創生」，還只是在假說的階段。這是因為重力量子理論尚未完成，物理學家只能一邊「補綴」量子論和廣義相對論，一邊思考這樣的假說。話雖如此，利用量子論這件事，已經使得人類能夠使用科學的語言述說宇宙的起源了。人類的智慧畢竟還是不同凡響的，不是嗎？

現在的宇宙

3. 何謂無？

宇宙　　　　　　　　　　拿掉物質的空蕩空間

※：更正確的說法是，連時間和空間結合的「時空」也不存在的狀態，即為「無」。

1.膨脹的宇宙

以平面表現若干個時間點的宇宙空間。宇宙空間的膨脹機制已經由廣義相對論提出了理論上的說明。簡而言之，可以說「宇宙能夠像氣球一樣擴張」。

2.比原子還小的微觀宇宙

距今大約138億年前

時間的流動

4.宇宙從無誕生的想像圖

微觀宇宙急速膨脹
成為我們的宇宙

膨脹的宇宙

微觀宇宙

如果把空蕩蕩的空間
擠縮到大小為零……

無

「無」在變動中的想像圖

無法正確地描繪無，但可以借用水波蕩漾的水面意象圖，來表現「變動中的無」。

微觀宇宙

在第3章,介紹了量子論發展的內容。量子論對於現代的科學和技術具有很大的影響,各位是否已經明白了呢?

1 基本粒子從真空誕生又消失,宇宙從無創生

（第84～85頁、
第112～113頁）

　根據能量和時間的不確定性關係,真空也具有能量,這個能量會在極短的時間內變動。

　藉由這個能量,成對的電子和正電子（正子）等各種基本粒子會在真空的各個角落誕生又消滅。

　此外,根據量子論,宇宙可能是在遠古時代從就連空間也不存在的「無」中誕生。自然界的一切都是曖昧不明（不確定）,正如真空並非始終空無一物,無,可能也並不是一直都保持著無的狀態。

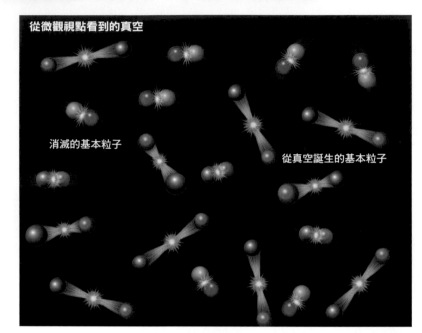

從微觀視點看到的真空

消滅的基本粒子

從真空誕生的基本粒子

2 穿隧效應

（第90～93頁）

　如同可見光能夠透過玻璃,電子等基本粒子有時候也會穿透原本理應無法穿過的牆壁,這現象稱為「穿隧效應」。

　原子核放出α粒子的「α衰變」,就是原子核裡面的α粒子藉由穿隧效應從原子核飛出來的現象。

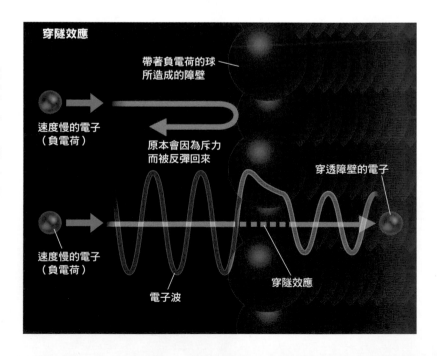

穿隧效應

帶著負電荷的球所造成的障壁

速度慢的電子
（負電荷）

原本會因為斥力而被反彈回來

穿透障壁的電子

速度慢的電子
（負電荷）

電子波

穿隧效應

3 對化學與固態物理學發展的貢獻
（第96～97頁）

量子論闡明了化學週期表的不可思議，並對為何會發生化學反應提供了理論上的說明。

此外，量子論也為闡明金屬、絕緣體、半導體等固體性質的「固態物理學」奠定了基礎。半導體是電腦不可或缺的元件，所以若沒有量子論的問世，也就不會有當今IT社會的誕生了吧！

4 闡明自然界的四種力之中的三種
（第108～111頁）

自然界的四種力，分別由不同的「傳送力的粒子」所引發。

交換粒子而產生斥力（例如同性電荷互斥），就像交換球而產生的效果。

交換粒子而產生引力（例如異性電荷相吸引、物質粒子間的重力），就像交換迴旋鏢的效果。

藉由粒子的交換產生斥力的示意圖

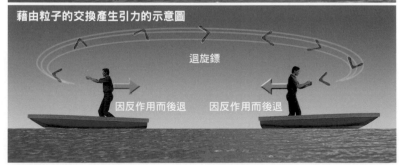

藉由粒子的交換產生引力的示意圖

下一章彙整了量子論的重要人物、關鍵詞及歷史。後面則透過與監修者和田純夫博士的對話，探究「量子論究竟是什麼？」的課題。

量子論
總結

在第 4 章，將彙整量子論的重要人物及關鍵詞。此外，也請本書的監修者和田純夫博士以對談的形式闡述「量子論究竟是什麼呢？」的課題，做為量子論的總結。

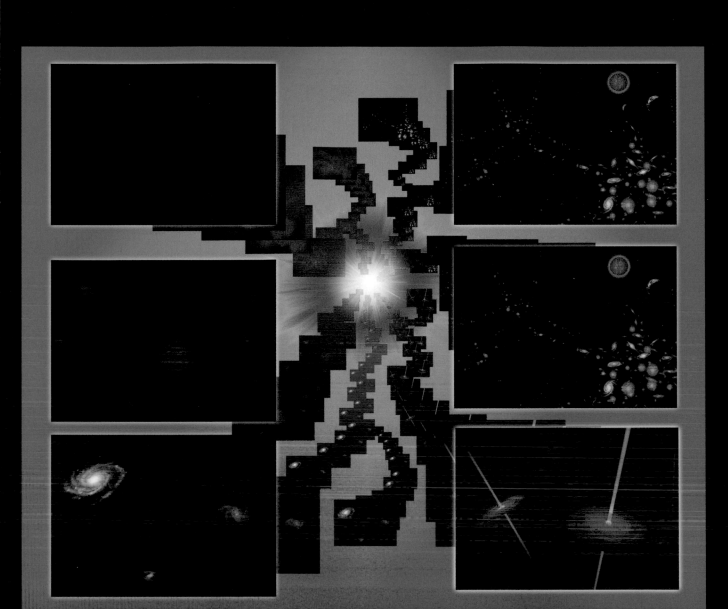

量子論的重要登場人物與重要關鍵詞總整理

在第118～121頁，將會把從引言至第3章為止出現的重要登場人物和重要關鍵詞做個總整理。可分別對照其註記的字母和數字。

A.

牛頓

Isaac Newton，1642～1727，英國數學家、物理學家、天文學家。創建了牛頓力學及數學的微積分學等等，為近代科學奠定基礎。此外，也進行光學的研究，採取「光的粒子說」的立場。

B.

拉普拉斯

Pierre-Simon Laplace，1749～1827，法國數學家、物理學家、天文學家。1799年擔任拿破崙一世的內政部長，對天體力學及數學的機率論的發展貢獻卓著。採取未來已經既定的確定論立場。

C.

楊格

Thomas Young，1773～1829，英國物理學家兼考古學家。1807年，使用雙狹縫進行光的干涉實驗，確立了光的波動說等等，對於光學的發展貢獻卓著。在古埃及文字的研究、血液循環的研究、眼睛的研究等物理學以外的諸多領域，也有傑出成績。

D.

普朗克

Max Karl Planck，1858～1947，德國物理學家。1900年，依據觀測高溫物體放射出光的光譜（各波長的強度分布）的結果，提出了量子假說：「光源粒子（原子及分子）的能量值分布是不連續的」。此為「某物之能量值為不連續」的量子論概念首次出現，因而被譽為「量子論之父」。**1918年獲頒諾貝爾物理學獎**。量子論最重要的常數「普朗克常數」便是以他的姓氏命名。後來愛因斯坦首度提出了「光本身的能量值就是不連續的」，擴大「能量值不連續」這個觀念的適用範圍。

E.

愛因斯坦

Albert Einstein，1879～1955，出生於德國的物理學家。1905年提出「光量子假說」，成功說明了光電效應，後來成為光之光子說的濫觴，他因為這項研究而**獲頒1921年度諾貝爾物理學獎**。他對量子論的「哥本哈根詮釋」持反對立場，與波耳爭執不下。此外，在發表光量子假說的1905年，愛因斯坦也發表「狹義相對論」等革命性的論文，使得這一年也被稱為「愛因斯坦的奇蹟年」。當時愛因斯坦只是專利局的一名職員，更是讓人大嘆神奇！

F.

湯姆森

Joseph John Thomson，1856～1940，英國物理學家。1897年證明了電子的存在，因而在**1906年獲頒諾貝爾物理學獎**。1903～1904年提出葡萄乾麵包型的原子模型。他的兒子喬治・湯姆森（George Paget Thomson，1892～1975）進行實驗證明了電子會發生繞射，因而在**1937年獲頒諾貝爾物理學獎**（證實電子波動性）。

G.

長岡半太郎

1865～1950，日本物理學家。肥前大村藩（現在的長崎縣）藩士的兒子，日本物理學界的奠基者。1903～1904年提出土星型的原子模型，這可說是拉塞福-波耳原子模型以及現代原子模型的雛型。

H. 拉塞福

Ernest Rutherford，1871～1937，出生於紐西蘭的物理學家。1911年發現原子核的存在，提出電子在原子核周圍繞轉形似太陽系的原子模型。其後，波耳根據拉塞福的原子模型，加上量子論的概念，提出波耳原子模型（也有人稱之為拉塞福-波耳原子模型）。由於放射性物質的研究，而獲頒1908年度諾貝爾化學獎。

I. 德布羅意

Louis de Broglie，1892～1987，法國物理學家。出生於貴族世家，1923年從愛因斯坦的光量子概念得到靈感，提出電子等物質粒子的波動性（物質波或德布羅意波）。這項研究後來促成了利用波動來表現量子力學的「波動力學」完成。1929年獲頒諾貝爾物理學獎。

J. 波耳

Niels Bohr，1885～1962，丹麥物理學家。1913年，把普朗克的量子論概念融入拉塞福的原子模型，提出波耳原子模型，成功地說明了氫發出之光的光譜（各波長的強度分布），因而獲頒1922年度諾貝爾物理學獎。量子論的哥本哈根詮釋的核心人物，為了量子論的詮釋與愛因斯坦相持不下。

K. 玻恩

Max Born，1882～1970，德裔英籍的理論物理學家。1926年提出與電子等物質波有關的「機率詮釋」，於1954年獲頒諾貝爾物理學獎。

L. 薛丁格

Erwin Schrödinger，1887～1961，奧地利物理學家。1926年完成了利用波動來表現量子力學的「波動力學」，於1933年獲頒諾貝爾物理學獎。量子力學的基本方程式稱為「薛丁格方程式」。提出「薛丁格的貓」的虛擬實驗，為量子論的詮釋問題掀起波瀾。

M. 海森堡

Werner Heisenberg，1901～1976，德國的物理學家。1927年闡明了量子論的重要性質「不準量關係」。1925年完成了運用數學的矩陣來表現量子力學的「矩陣力學」。矩陣力學和薛丁格的「波動力學」統合起來即為現在的量子力學。1932年獲頒諾貝爾物理學獎。

N. 狄拉克

Paul Dirac，1902～1984，英國物理學家。建構了統合量子論與狹義相對論之相對論性量子力學，並且預言了反粒子等等，留下許多卓越的功績。1933年獲頒諾貝爾物理學獎。

O. 加莫夫

George Gamow，1904～1968，俄裔美籍的物理學家。利用穿隧效應成功地說明了 α 衰變，他也是主張「宇宙從高溫高密度的灼熱狀態誕生，然後一直在膨脹」的「大霹靂宇宙論」提倡者。同時也是一位優秀的科普作家，留下了許多科學啟蒙名作，其中最具代表性的作品，是以說故事的手法介紹相對論及量子論的《物理世界奇遇記》（Mr. Tompkins in Paperback，1965）。

P. 包立

Wolfgang Ernst Pauli，1900～1958，奧地利物理學家。他提出原子中的電子全都處於不同量子狀態的「包立原理」，於1945年獲頒諾貝爾物理學獎。對量子論的體系化也有極大的貢獻。

艾弗雷特三世 （在第5章出現）

Hugh Everett III，1930～1982，美國物理學家。1957年，在博士論文中提出多世界詮釋。在建構這個理論的時候，與波耳等人的哥本哈根派學者發生了激烈的辯論，使得論文陷入大幅刪改的窘境。失意的艾弗雷特轉向運籌學（作業研究，operations research）的領域發展。

牛頓力學【第6頁等】

牛頓於17世紀提出的理論，說明了物體受力會如何運動。牛頓的代表性著作《自然哲學的數學原理》（1687年）記載了牛頓力學的絕大部分要點。在量子論和相對論出現之前，一直是物理學的基礎。從19世紀末期起，開始發現一些無法以牛頓力學解釋的現象，促進了量子論和相對論的誕生。現在，日常生活中看到的物體（不須利用量子論的巨觀物體）運動，依然適用牛頓力學。

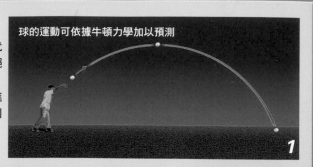

球的運動可依據牛頓力學加以預測

1

發現牛頓力學無法說明的現象，需要新的理論

現代物理學的兩大理論

量子論

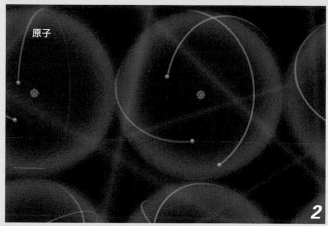

原子

2

說明微觀世界行為的理論。如「量子力學」說明原子、電子、光子的行為等；「量子場論」則說明應用於自然界的力（電磁力等）的作用等。本書統稱之為「量子論」。

相對論【第10頁等】

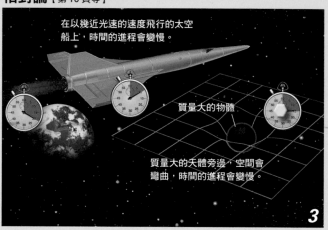

在以幾近光速的速度飛行的太空船上，時間的進程會變慢。

質量大的物體

質量大的天體旁邊，空間會彎曲，時間的進程會變慢。

3

與量子論並列的現代物理學基礎理論。闡明時間的進程會變慢、空間會彎曲等等。此外，也闡明了「質量＝能量」的關係。包括狹義相對論（1905年）和廣義相對論（1915～1916年），都是由愛因斯坦所建立。

融合兩大理論

重力量子理論【第110頁等】

把量子論與重力理論（廣義相對論）融合在一起。許多物理學家致力於完成這個「終極理論」，但迄今尚未完備。量子重力理論是以「重力子」的量子論粒子的投接球來思考重力。

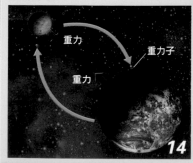

重力

重力子

重力

14

想要解答宇宙誕生之謎，需要量子重力理論。

從無到有的宇宙創生【第112頁等】

現在被認為有力的宇宙創生的假說之一。主張宇宙是從「無」誕生的，在「無」當中，物質、光、空間都不存在。從「無」的變動誕生微觀宇宙，然後急速膨脹，成為現在的宇宙。

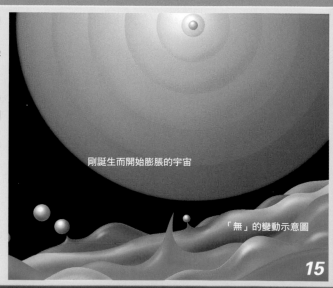

剛誕生而開始膨脹的宇宙

「無」的變動示意圖

15

光子【第 32 頁等】

愛因斯坦闡明了光的能量具有最小的單位，並把它稱為「光量子」。現在已不太常說「光量子」，而廣泛使用「光子」。這個名稱源自於把一個個能量的團塊視為「粒子」，並且也把光視為粒子集團的想法。

5

把光子的概念運用於物質粒子

物質波【第 44 頁等】

德布羅意認為，正如光兼具波的性質和粒子的性質，電子之類的物質粒子也具有波的性質。這稱為物質波（德布羅意波）。物質粒子的質量越小，波的性質越明顯。相反地，質量越大，則波的性質越不明顯。我們沒有察覺到巨觀物體的波性質，就是因為這個緣故。

6

電子的雙狹縫實驗【第 56 頁等】

這個實驗會產生干涉條紋，顯示電子具有波的性質。如果把電子當成單純的粒子，即無法加以說明。在理解量子論的核心時，這一點非常重要。

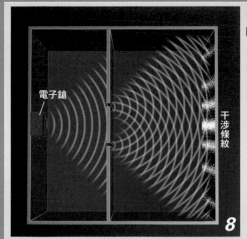

電子鎗

干涉條紋

如果承認量子論的基本原理，即可說明實驗的結果。

8

── 成為量子論的基本原理 ──

量子論的基本原理

波粒二象性【第 22 頁等】

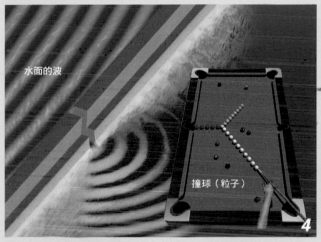

水面的波

撞球（粒子）

4

電子之類的微觀物質及光子等，同時具有波的性質和粒子的性質。反過來說，電子及光子等既不是日常所謂的波，也不是粒子，而是「某種另類的東西」。

狀態的並存（狀態的疊合）【第 54 頁等】

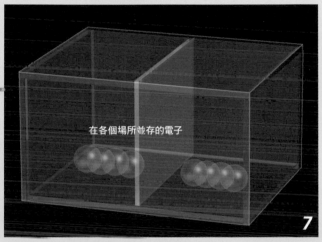

在各個場所並存的電子

7

電子之類的微觀物質及光子等，即使只有一個，也能同時存在於多個狀態（位置及動量等等）。也就是說，一個物體能夠在同一時刻存在於多個場所。

把電子視為波即可說明

從量子論的基本原理導出

穿隧效應【第 90 頁等】

電子等微觀物質有時會穿透原本理應無法穿透的障壁，這是唯有粒子兼具波的性質才會發生的現象。

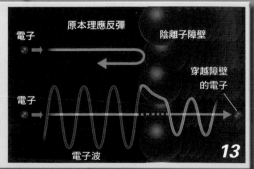

原本理應反彈

電子

陰離子障壁

電子

穿越障壁的電子

電子波

13

不準量關係【第 72 頁等】

電子及光子等無法同時確定位置和動量（位置與動量的不準量關係）。此外，能量和時間也無法同時確定（能量與時間的不準量關係）。也有人稱之為「測不準原理」。因為不準量關係是由「狀態的並存」及「波粒二象性」這些量子論的基本原理所導出，所以本書不稱之為「原理」。

10

從不準量關係式導出

哥本哈根詮釋【第 60 頁等】

把電子波視為與機率有關的波（機率詮釋），認同「波的塌縮」詮釋。為量子論的公認詮釋。

9

表示性詮釋

量子論的兩個代

多世界詮釋【第 78、148 頁等】

假設有無數個平行世界存在，藉此說明量子論的神奇性質。特徵是不須考慮波的塌縮。

11

粒子從真空誕生又消滅【第 84 頁等】

由能量與時間的不準量關係式可知，真空（空無一物的空間）也能夠具有能量，而且真空的能量會變動。這個能量會轉化成物質粒子的質量，使電子等各種基本粒子得以在真空中誕生又消滅。

12

※：年代每10年以不同顏色表示。
※：第5章首度上場的人物也一併在此介紹。

1904年

土星型原子模型
長岡半太郎

葡萄乾麵包型原子模型
湯姆森

1807年

光的干涉實驗
楊格

使用雙狹縫進行光的干涉實驗，證明了光的波動性。

1897年

電子的發現
湯姆森

1923年

提出物質波的概念
德布羅意

主張把電子當成波來思考，就能充分理解原子的行徑。

1897
1900
1904
1905
1911
1913
1919
1923
1925
1926
1927
1928
1929
1932
1935

1919年

質子的發現
拉塞福

1900年

量子假說
普朗克

提出原子的能量值不連續（量子化）。

1911年

原子核的發現
拉塞福

發現原子是由中心部位的小原子核及其周圍的電子所構成。

1913年

前期量子論的原子模型
波耳

把量子論的概念加入拉塞福的原子模型，提出新的原子模型。

1928年

關於反粒子的預言
狄拉克

1905年

光量子假說
愛因斯坦

發現以往被認為是波的光具有粒子的性質。

1925年

包立的不相容原理
包立

矩陣力學
海森堡

提出運用數學矩陣的新力學（量子力學）。

玻色 - 愛因斯坦凝聚
愛因斯坦

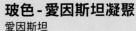

1927年

不準量關係
海森堡

闡明了粒子的位置和動量無法同時確定。

1926 年

波動力學
薛丁格

提出「波函數」的方程式，滿足將電子視為波的條件。

與物質波有關的機率詮釋
玻恩

1929 年

量子場論
海森堡
包立

1932 年

中子的發現
查兌克（James Chadwick，1891～1974）

1935 年

介子論
湯川秀樹（1907～1981）

EPR 悖論
愛因斯坦
波多斯基
羅森

薛丁格的貓
薛丁格

1952 年

導航波（導波）理論
波姆（David Bohm，1917～1992）

1948 年

重整化理論
朝永振一郎（1906～1979）
費曼（Richard Philips Feynman，1918～1988）
施溫格（Julian Seymour Schwinger，1918～1994）

利用量子場論進行計算，有時會得出無限大的結果。圓滿處理這個無限大，使量子場論能實際發揮作用。

1957 年

闡明超導理論
巴丁（John Bardeen，1908～1991）
庫柏（Leon Cooper，1930～）
施里弗（John Robert Schrieffer，1931～2019）

多世界詮釋
休·艾弗雷特

此量子論詮釋法不使用波的塌縮，主張有許多個世界並存。

1967 年

電弱統一理論
溫伯格（Steven Weinberg，1933～）
薩拉姆（Abdus Salam，1926～1996）

把電磁力和弱力統合為一種力加以說明的理論。

1964 年

提出貝爾不等式
貝爾（John Stewart Bell，1928～1990）

1963 年

夸克理論
蓋爾曼（Murray Gell-Mann，1929～2019）
茨威格（George Zweig，1937～）

1974 年

大一統理論
喬吉（Howard Georgi，1947～）
格拉肖（Sheldon Lee Glashow，1932～）

把電弱統一理論加上強力所成的理論。

1982 年

量子糾纏的實證
阿斯佩（Alain Aspect，1947～）

1984 年

超弦理論
格林（Michael Boris Green，1946～）
施瓦茨（John Schwarz，1941～）

把將基本粒子視為「弦」重新思考的理論做進一步發展的理論。

1985 年

量子電腦的原理
杜奇（David Deutsch，1953～）

1993 年

量子遙傳
貝內特（Charles H. Bennett，1943～）

1994 年

因數分解的演算法
秀爾（Peter Williston Shor，1959～）

20XX 年

四種力的統一

大一統理論加上重力的「終極」理論，超弦理論為有力的候選者。

1948
1952
1957
1963
1964
1967
1974
1982
1984
1985
1993
1994

量子論究竟是什麼呢？

由本書監修者和田純夫博士一同探討「量子論究竟是什麼呢？」的議題，做為從引言到第 3 章的總結。同時，也請和田博士針對他所支持的「多世界詮釋」再次做詳細解說。

藍點團塊為「電子雲」（原子）的意象圖。根據量子論，電子「並存」於其中所有的位置。背景所繪的眾多宇宙，是量子論的「多世界詮釋」的意象圖。

Newton——量子論一言以蔽之，是什麼樣的理論呢？

和田——如果以原子之類的微觀層級，來觀察物質（粒子）的行徑，那麼會和人類肉眼看到的世界有很大的不同。因此，以往的「牛頓力學」不再能適用，而需要全新的理論，這就是量子力學（量子論）。

Newton——牛頓力學和量子論的主要差異在什麼

本書監修者和田純夫博士。攝於全體「編輯特別審核委員」的編輯會議上。

地方呢？

和田——依據牛頓力學，一個粒子在某個時刻，理所當然存在於某個特定的位置。但如果依據量子論，則會有各式各樣的狀態並存著，這就是根本的差異之所在。也就是說，粒子能夠在某個時刻，同時存在於一個區域裡某些不同的位置（並存）。勉強打個比方的話，量子論所說的粒子，就像一團朦朦朧朧的雲散布開來的模樣吧！

125

Newton──也就是說，雖然稱之為「粒子」，但不能把它想像成棒球那種單純的球，是吧！

和田──原子模型也要把「電子雲」畫成包覆在原子核周圍才對（1）。因為一個電子能夠同時存在於以雲表現的整個區域。依據這個模型，電子在原子裡面並沒有在繞轉。

Newton──電子應該是被原子核利用靜電力拉住的吧？如果沒有在繞轉，為什麼不會被原子核拉進它的中心呢？

和田──假設要把電子壓向原子的中心，那電子位置的不確定度會變小。這麼一來，根據不準量關係，動量（速度）的不確定度增大，使得電子具有更大的速度而飛出原子。電子與原子核保持著適當的距離最為穩定，所以不會往中心掉落。

什麼是「狀態的並存」？

Newton──總覺得「並存」（第54頁）這件事真是不可思議。為什麼必須思考狀態的並存這麼難以想像的事情呢？

和田──我們必須思考的是，在使用雙狹縫的電子干涉實驗中，一個電子確實同時通過了兩道狹縫（第62頁）。也就是說，我們不得不認為，通過A狹縫的狀態和通過B狹縫的狀態，這兩者是並存的。如果不這樣想，便無法說明為什麼會產生干涉條紋。

Newton──「並存」的意思，現在真的是很難捉摸……。

和田──所謂的「兩個狀態並存著」，並不是「有兩個可能性」的意思。也就是說，它並不是指「電子有通過A狹縫的可能性，也有通過B狹縫的可能性」，而是指「電子通過A狹縫的狀態」和「電子通過B狹縫的狀態」確實是兩種狀態同時存在。

Newton──還有，量子論也主張電子和光子等「同時具有粒子和波的性質」。感覺電子和光子變得好虛幻！電子和光子是具有「實體」的東西嗎？

和田──正因為具有「實體」，所以我們才能看到各式各樣的現象啊！不過，追根究柢，對於「實體是什麼」這個問題，必須採取和以往的理論完全不同的思考才行。當量子論告訴我們「這個東西是這個世界的實體」時，無論和我們日常的感

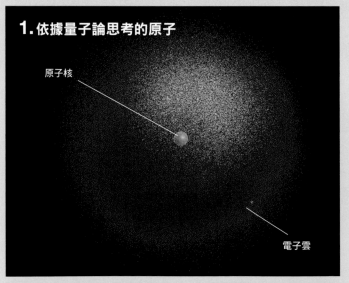

1. 依據量子論思考的原子

原子核

電子雲

量子論的原子模型。電子宛如雲霧一般包覆在原子核周圍，雲不是由多個電子所組成，畫成雲的模樣是為了表現一個電子能夠在各個位置並存。

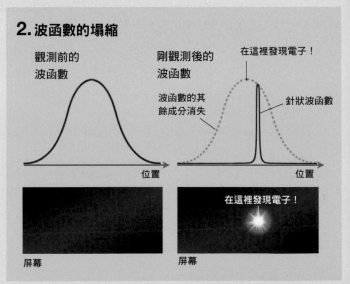

2. 波函數的塌縮

觀測前的波函數

剛觀測後的波函數

在這裡發現電子！

波函數的其餘成分消失

針狀波函數

位置

位置

屏幕

在這裡發現電子！

屏幕

根據哥本哈根詮釋，在觀測前，電子波散布在空間中並具有範圍，一旦進行「觀測」，立刻「塌縮」成為沒有寬度的針狀波函數。

覺有多麼不一樣，都要能夠接受這個東西是實體。這就是科學的態度，不是嗎？

Newton——原來如此。量子論可以說把物的「實體」和「存在」的概念從根本上加以推翻了。這雖然是量子論的困難之處，但同時也是它的興味所在吧！

骰子的機率和量子論的機率有何差別？

Newton——「哥本哈根詮釋」（第60頁等）主張，把電子波當成與機率有關的東西來處理。這裡所說的「機率」涵義是什麼呢？

和田——例如，電子的位置在人類觀測之前並不是處於一個特定的地方。處於這個位置的狀態、處於另一個位置的狀態，以及處於各個位置的狀態，都是同時並存著。當它和某個巨大的觀測裝置接觸時，例如人類在觀測它的位置時，才會首度在對於人類而言的某一個位置被發現。骰子投出的點數固然也只能以機率來表現，但這只不過是因為人類很難得知骰子的精密狀態（投出的速度及骰子面的方向等）罷了。骰子的情況是「結果從一開始就確定了，但因為人類無法進行計算加以預測，所以用機率來表現」。但電子的位置情況則是「即使能做到完全的理論計算，但對於人類而言，觀測結果也不會是事先已經決定的」。

Newton——哥本哈根詮釋似乎不是量子論的唯一詮釋吧？

和田——量子論的計算方法已經確立了，但是它的計算方法要如何詮釋呢？研究者之間各有不同的意見。哥本哈根詮釋只是其中的一種，主張電子波與機率有關，會由於觀測而產生「波的塌縮」（2）。

Newton——在眾多的量子論入門書當中，大多是以哥本哈根詮釋的說明為主流吧？

和田——這是因為在進行計算的時候，哥本哈根詮釋非常實用而且方便。

Newton——量子論對於社會有哪些影響呢？

和田——量子論不僅為我們解答了原子等微觀世界的謎題，也為我們闡明了巨觀物質的性質。導電的金屬、不導電的絕緣體等等的機制，都是利用量子論加以說明。象徵20世紀科學成就的半導體以及超導體（電阻為零的物質），也是利用量子論才能獲得初步的理解。如果量子論沒有誕生，則我們日常生活中使用的各種便利的電氣製品等等，也都不可能問世吧！

量子論的另一種詮釋「多世界詮釋」

Newton——和田老師似乎是支持「多世界詮釋」，是不是認為哥本哈根詮釋有什麼問題呢？

和田——根據哥本哈根詮釋的主張，應該是有多個狀態並存著，但是對於「為什麼觀測時只有其中一個狀態會被觀測到」、「沒有被觀測到的其他狀態消失到哪裡去了」等疑問並沒有提供答案，所以遭到批判。如果電子具有實體的話，為什麼沒有被觀測到的其他狀態通通會在一瞬之間消失了呢？這樣的主張，就算不是愛因斯坦也不會信服吧！

Newton——那麼，多世界詮釋是一種什麼樣的詮釋呢？它和哥本哈根詮釋的差異在哪裡？能否請您以這個觀點來說明一下？

和田——觀測的時候發生了什麼事呢？對於這一點的想法，就是差異所在。例如，假設在觀測之前，電子處於 A 位置的狀態和處於 B 位置的狀態是並存著（3）。人類進行觀測之後，電子的位置對於人類而言會確定在一個地方。但是，依據多世界詮釋的主張，即使在觀測後，「兩個狀態都會留下來」。也就是說，人類觀測到電子在 A 位置的「世界」和人類觀測到電子在 B 位置的「世界」分歧開來。在這個狀況下，兩個世界是平行並存的，所以稱為多世界詮釋。分歧後的兩個世界切斷了關係，所以不會互相影響。

Newton——世界在觀測後分歧開來，這真是非常大膽的想法。如果多世界詮釋是正確的，那麼科幻小說中的平行世界就變成真實存在了呀！

和田——波會因為被觀測而塌縮，導致在其他地

點觀測到電子的可能性完全消失了，這是哥本哈根詮釋的說法。但是多世界詮釋則認為，在其他地點觀測到電子的世界仍然保留著，不過各個世界之間不再具有關聯性，所以會得到和波的塌縮相同的結果。

就連人類也是多個狀態並存著？

Newton——請問多世界詮釋是在什麼樣的背景之下誕生的？

和田——是在想要利用量子論思考整體宇宙的時

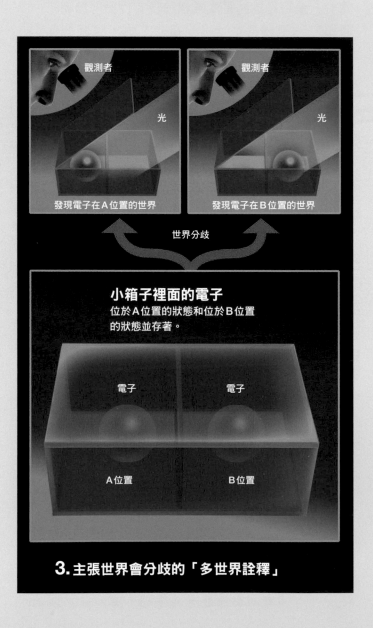

小箱子裡面的電子
位於A位置的狀態和位於B位置的狀態並存著。

電子　　　　電子

A位置　　　　B位置

觀測者　　　　　　光　　　　觀測者　　　　　　光

發現電子在A位置的世界　　　發現電子在B位置的世界

世界分歧

3. 主張世界會分歧的「多世界詮釋」

候，萌生了這個想法。如果把量子論的概念套用在宇宙論上，會是什麼情況呢？於是，艾弗雷特於1957年提出了多世界詮釋的想法。既然是利用量子論來思考整體宇宙，所以當然也要把觀測電子的人類包括在內，利用量子論的架構來思考。因此，即便是人類，也可能有多個狀態並存著。

Newton——就連我們本身的狀態也是並存的，這一點好像不太能接受。

和田——可能有很多人不太能接受這個說法。但是，哥本哈根詮釋提出了「波的塌縮」這個無法從量子論的基本原理引導出來的新想法；相對地，多世界詮釋則不需要提出「波的塌縮」，只須利用量子論的基本原理就能直接探討量子論。不只是基本粒子這樣的微觀世界，就算是巨觀的觀測裝置和人類，也可以全部做為量子論的對象來思考，這就是多世界詮釋的特徵。

Newton——除了哥本哈根詮釋和多世界詮釋之外，還有其他的詮釋嗎？

和田——例如美國物理學家波姆（David Bohm，1917～1992）提出的「導航波（導波）詮釋」，在當年也名震一時。這個理論主張，把粒子本身利用古典力學的意象來思考，但其周圍附隨著稱為「導航波」的波。但是，現在好像有很多研究者對於這個理論抱持著否定的見解。還有，對於現在的哥本哈根詮釋和多世界詮釋，研究者之間並未達成共識，也有一些人採取中間的立場，可說仍是眾說紛紜的狀況。甚至有些研究者是朝著「改造量子力學本身」的方向在做思考。

Newton——我曾經聽過，量子電腦（第162頁）的實現正是「多世界詮釋的證明」，這是怎麼一回事呢？

和田——的確，量子電腦是使用一個物質來平行進行多個計算，所以會讓人覺得是在利用許多個世界。實際上，這個原理的創始者杜奇（David Deutsch，1953～）似乎曾經說過，在這個意義上，「量子電腦的實現證明了多世界詮釋」。但是，多世界詮釋最重要的主張是，多個並存的世

月球只有在看到的時候才存在？

在第68頁和74頁曾經提到，即使是愛因斯坦，也是終其一生都無法接受量子論的想法。愛因斯坦的傳記《上帝難以捉摸》（Subtle Is the Lord: The Science And the Life of Albert Einstein）中，序言開頭提到一則軼事。愛因斯坦在和這本傳記的作者派斯（Abraham Pais）談到量子論的時候，問了作者這麼一句話：「月球只有在你看到它的時候才存在，你真的會相信嗎？」

這是什麼意思呢？第54頁曾經介紹了一個電子同時存在於箱子左右兩側小隔間的場景。「觀測」這個行為影響了電子，導致在觀測時才確定電子是位於哪一側。量子論基本上是處理電子及原子等微觀物體的理論。我們日常看見的巨觀物體（第54頁的箱子裡的球等等），通常不是依循量子論，而是依據牛頓力學來思考。

但是，人體和月球也是由原子所構成的，應該也會以某種形式和量子論扯上關係。把這個想法更進一步推論，則「藉由觀測而確定物體存在」這個量子論的獨特想法，也要能夠如愛因斯坦所說的，連月球都能適用才對。徹底支持哥本哈根詮釋的人主張，在沒有進行觀測的時候無法討論月球的存在。但是，在涉及巨觀世界的時候，該如何詮釋量子論才好呢？關於這一點，似乎還沒有得到完整的解答。就這個意義而言，愛因斯坦的疑問可以說迄今尚未獲得解決吧！

月球

以透明表現「不存在的月球」

界處於分歧且彼此互不相干的進程上。但這卻是量子電腦應該避免的進程，所以「量子電腦的實現」不能說是「多世界詮釋的證明」吧！

未來已經確定了嗎？

Newton——量子論主張，由於不準量關係，所以「未來尚未確定」（第72頁），多世界詮釋也是同樣採取這個說法嗎？

和田——「未來」代表的意義是什麼呢？意義不同，則答案隨之而異。例如，插圖3中，如果把在A位置發現電子的世界、在B位置發現電子的世界，這兩者都統稱為「未來」，那就可以說，未來已經確定了。但是，觀測者的認知和觀測後哪一個世界的觀測者的認知一致呢？在觀測前並無法得知，所以就這個意義而言，就會變成了未來尚未確定。

4. 依據多世界詮釋思考的各種宇宙

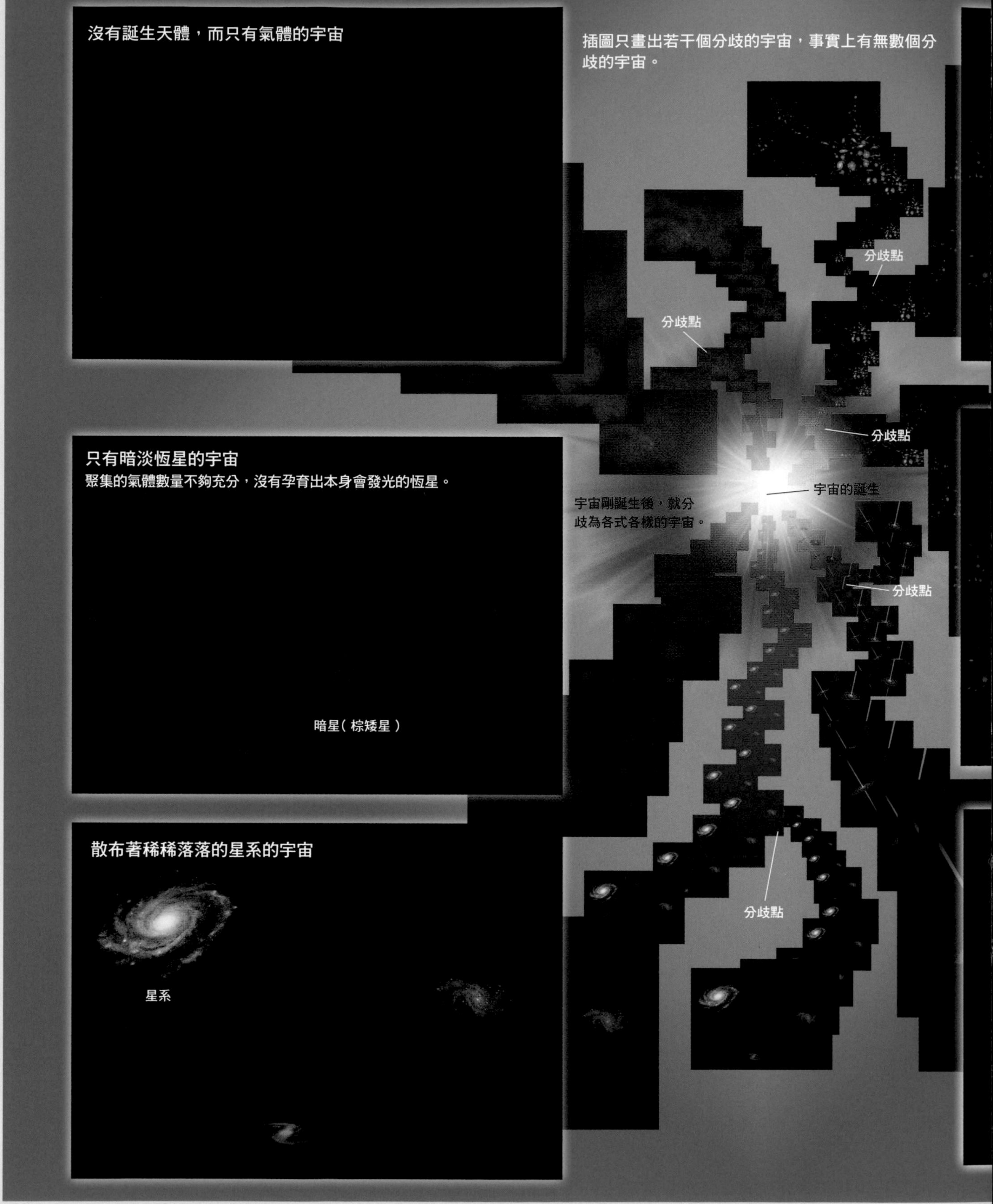

沒有誕生天體，而只有氣體的宇宙

插圖只畫出若干個分歧的宇宙，事實上有無數個分歧的宇宙。

分歧點

分歧點

分歧點

分歧點

宇宙剛誕生後，就分歧為各式各樣的宇宙。

宇宙的誕生

分歧點

只有暗淡恆星的宇宙
聚集的氣體數量不夠充分，沒有孕育出本身會發光的恆星。

暗星（棕矮星）

散布著稀稀落落的星系的宇宙

星系

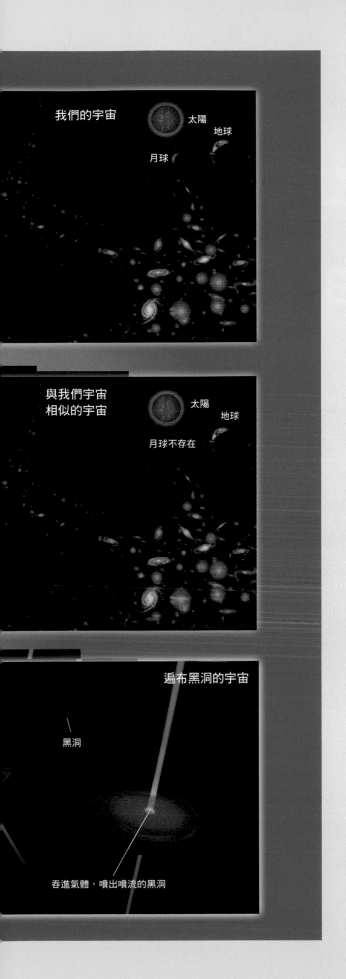

我們的宇宙
太陽
地球
月球

與我們宇宙
相似的宇宙
太陽
地球
月球不存在

遍布黑洞的宇宙
黑洞
吞進氣體，噴出噴流的黑洞

Newton——原來如此。會在哪裡發現電子的機率，可由量子論的計算正確得知，所以如果把全部的多世界都認為是「未來」的話，就會變成未來已經確定了！但是，因為我們無法認知自己的世界以外的世界，所以認為未來尚未確定似乎比較好！

也有和我們的宇宙迥然不同的宇宙存在？

Newton——從多世界詮釋的觀點，會如何思考宇宙的誕生呢？

和田——宇宙從剛誕生後不久，就不斷地分歧為各式各樣的宇宙（世界）（**4**）。各個宇宙的命運隨著物質密度的不同有很大的差異。密度低的宇宙，將會無法孕育天體而成為孤寂的宇宙吧！密度高的宇宙，則會變成遍布黑洞的宇宙吧！

Newton——黑洞，就是重力強到連光也無法脫離的天體吧！

和田——這種和我們的宇宙完全不同的宇宙，不是可能存在，而是確實存在，這就是多世界詮釋的主張。

量子論的重要性至今未變

Newton——最後，想請您談一下，量子論在最尖端的物理學中的定位。

和田——基本上，最尖端的理論也已經利用量子論的架構來思考了。例如，「超弦理論」（第110頁）也正在量子論的架構中進行研究。

Newton——原來如此。雖然誕生至今已經將近1個世紀了，但是量子論的重要性到現在仍然沒有改變！所謂的「量子論的架構」是什麼意思？

和田——是指「各式各樣的狀態並存著」和「以波（波函數）來表現並存的多個狀態」。這些概念在最尖端的物理學也沒有改變。不過，並不能斷言，量子論的架構本身未來不會出現修正的必要性。

Newton——量子論對於20世紀以降的科學產生了很大的影響，直到今天，它的影響力仍未見稍減。我們也期待能有超越量子論的理論出現。謝謝老師！

量子論的
延伸知識

在第 5 章，將介紹量子論發展中的內容。因
相對論聞名的偉大物理學家愛因斯坦，我
們首先以他跟量子論的關係，回溯量子論發
展的歷史。接著徹底介紹量子論的「多世
界詮釋」。最後將淺顯地介紹「量子電腦」
（quantum computer）和「量子遙傳」
（quantum teleportation）的機制及應用例
子等等。

量子論與
愛因斯坦的故事

既是創始者之一，也是批判量子論的急先鋒

談到愛因斯坦，最有名的是關於時間與空間的「相對論」（狹義相對論和廣義相對論）。但是，愛因斯坦自己曾經說過：「我思考量子論的時間百倍於廣義相對論。」（取自《上帝難以捉摸》）

所謂的量子論，是闡明原子等微觀世界現象的理論，與相對論並列為現代物理學的兩大支柱。愛因斯坦對於量子論的誕生提供了巨大的貢獻。但從某個時期開始，愛因斯坦卻從量子論研究的「主流」走出來，轉而對量子論展開了批判。為什麼會採取這樣的行動呢？且讓我們以愛因斯坦為主軸，試著一窺量子論的世界吧！

協助：和田純夫 日本成蹊大學兼任講師

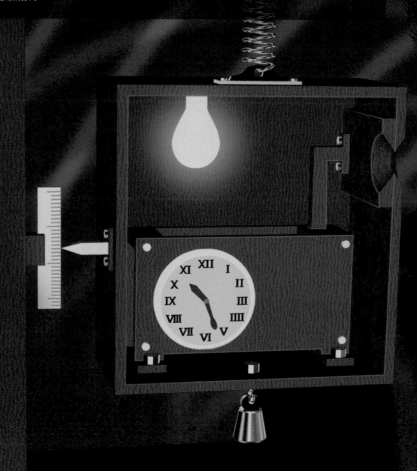

愛因斯坦

波耳

量子論的序幕

與狹義相對論同一年發表的革命性論文

愛因斯坦（1879-1955）的相對論，分為「狹義相對論」和「廣義相對論」。前者發表於1905年，在同一年，愛因斯坦也發表了另一篇重要的論文，成為闡明微觀世界「量子論」（量子力學）的先驅。這篇與「光量子假說」有關的論文，對於光的性質提出了革命性想法。

光量子假說可以說是把德國物理學家普朗克（1958～1947）$^{(MAP-Q)}$ 於1900年發表的「量子假說」做進一步發展的成果。首先，我們就從量子假說開始說明！

量子論的誕生與鋼鐵業的發達有著密不可分的關係。在19世紀末葉，德國的鋼鐵業盛極一時。鋼鐵業為了製造出高品質的鋼鐵，必須正確知道熔礦爐內的溫度，並加以管控。但是，一般的溫度計根本無法插入遠遠超過1000℃的熔礦爐中。因此，熔礦爐內的溫度必須藉由爐內透出的火光顏色來判斷。因為物體被加熱時，該物體會依照溫度而發出不同顏色的光，所以能夠依據爐內為紅色、黃色或白色，來判斷它達到多高的溫度。

於是，科學家們開始調查研究物體在多高的

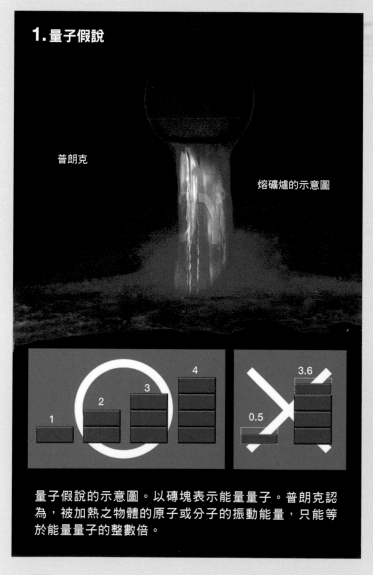

1. 量子假說

普朗克

熔礦爐的示意圖

量子假說的示意圖。以磚塊表示能量量子。普朗克認為，被加熱之物體的原子或分子的振動能量，只能等於能量量子的整數倍。

普朗克與愛因斯坦。兩人研究有溫度的物質所放出的光，和物質受到光照射之後的現象，分別發表了「量子假說」和「光量子假說」。

溫度會放射出什麼樣的光。但是，這之中產生了一個很大的難題，使得物理學家們傷透腦筋。就是顯示爐內發出的火光顏色（波長）和溫度間關係的實驗結果，並無法運用以往的物理學加以圓滿地說明。因此，需要新的理論。

量子論之父普朗克的劃時代想法

以往的物理學認為能量值是「連續的」，意思是「能夠無限地分割得更小」。但是普朗克卻認為能量值是「不連續的」，也就是跳躍式（離散）的，具有無法再分割的最小單位（1），這個能量的最小單位稱為「能量子」，以上所述即為量子假說。說到「量子」，一般是指「能夠點數一個、兩個的小團塊」之意。

普朗克認為，正如物質具有原子這樣的單位，能量也具有相當於原子的單位。普朗克依據這個想法，成功地圓滿說明了高溫物體放出的光的顏色和溫度的關係。「能量值為跳躍式」是量子論的重要主張之一，由於普朗克是第一個提出這個想法的人，所以被譽為「量子論之父」。

總而言之，普朗克認為，構成高溫物體粒子的振動能量值是跳躍式的。而且，光是從這粒子發出來的。

但是，愛因斯坦則認為，光具有的能量本身只能取跳躍式的值，亦即光的能量應該具有無

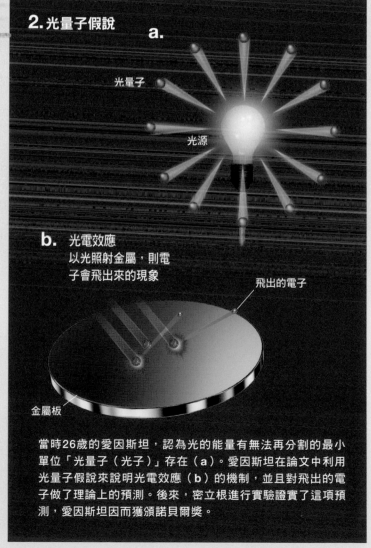

2. 光量子假說

a.

光量子

光源

b. 光電效應
以光照射金屬，則電子會飛出來的現象

飛出的電子

金屬板

當時26歲的愛因斯坦，認為光的能量有無法再分割的最小單位「光量子（光子）」存在（a）。愛因斯坦在論文中利用光量子假說來說明光電效應（b）的機制，並且對飛出的電子做了理論上的預測。後來，密立根進行實驗證實了這項預測，愛因斯坦因而獲頒諾貝爾獎。

法再分割下去的最小單位（光量子假說）。光是能量的小團塊（稱為「光量子」）以集團的形式在傳送。後來，光量子被視為一種粒子，如今稱之為「光子」（photon）。

始終無法被接受的「光量子假說」

雖然光量子假說後來成為量子論誕生的因素之一，但在當時一直無法被接受。它遭受的批駁恐怕超過了顛覆時間和空間常識的相對論。為什麼當時學界很難接受光量子假說呢？

鑽研量子論與科學論的日本成蹊大學兼任講師和田純夫博士表示：「當時，主張『光是波』的英國物理學家馬克士威（James Clerk Maxwell，1831～1879）的『電磁學』已經完成了。要讓當時的學界把馬克士威的電磁學徹底推翻，轉而支持光量子假說，是一件非常困難的事情。」

後來，美國的物理學家密立根（Robert Andrews Millikan，1868～1953）於1916年進行「光電效應」的實驗，證實了愛因斯坦的光量子假說。光電效應是指以光（電磁波）照射金屬表面，電子會飛出來的現象。利用愛因斯坦的光量子假說來思考這個現象，就是：一個光子被金屬內部的一個電子吸收，使得電子的能量增加了這個光子的分額，所以從金屬飛出來。

密立根施行精密的光電效應實驗，果真如同愛因斯坦的預測，電子飛出來了。現在，這項密立根的實驗被視為光量子假說的重要實證，但據說密立根本人即使在實驗後也不相信光量子假說。

「光量子假說後來能夠受到廣泛的認同，是因為美國物理學家康普頓（Arthur Holly Compton，1892～1962）等人在1923年實施了散射實驗的緣故吧！」和田博士表示。康普頓所施行的實驗，是為了研究 X 射線（光的一種）的光子和電子之間的碰撞現象。如果假設光具有粒子的性質，就能夠圓滿地說明這個實

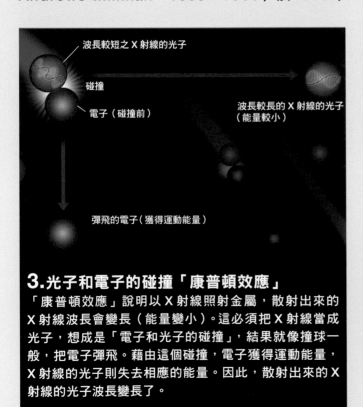

波長較短之 X 射線的光子

碰撞

電子（碰撞前）

波長較長的 X 射線的光子（能量較小）

彈飛的電子（獲得運動能量）

3.光子和電子的碰撞「康普頓效應」

「康普頓效應」說明以 X 射線照射金屬，散射出來的 X 射線波長會變長（能量變小）。這必須把 X 射線當成光子，想成是「電子和光子的碰撞」，結果就像撞球一般，把電子彈飛。藉由這個碰撞，電子獲得運動能量，X 射線的光子則失去相應的能量。因此，散射出來的 X 射線的光子波長變長了。

德布羅意（1892～1987）深受愛因斯坦的光量子假說影響，發現電子等物質粒子具有波的性質。

驗的結果。

結論就是：光的本尊「既具有波的性質，也具有粒子的性質」，該推翻傳統常識的想法後來成為量子論的基礎之一。愛因斯坦由於對光電效應做了理論上的解釋，於1921年獲頒諾貝爾物理學獎。

愛因斯坦獲頒諾貝爾獎，並非由於相對論，而是因為對量子論的貢獻。

物質波與愛因斯坦

「物質波」的靈感是受到愛因斯坦的啟發

愛因斯坦於1905年發表的光量子假說，不僅揭開了與光有關之量子論的序幕，而且大大地影響了法國物理學家德布羅意，從而促成了與物質粒子有關之量子論誕生。

德布羅意從1923年到次年期間，發表了「電子之類的物質粒子也具有波的性質」的想法。物質粒子所具有的波性質稱為「物質波」或「德布羅意波」。愛因斯坦發現了被視為波的光具有粒子的性質，而德布羅意受到這個想法的強烈影響，則從理論上發現了被視為粒子的電子等物質粒子具有波的性質（4）。

我們來想像一下水面的波動吧！水由許多水分子組成，把一顆石頭丟進水面後，水會上下晃動，然後這個振動會往周圍擴散，形成同心圓狀的波紋，這就是水面波。由這個例子可知，所謂的波，通常是許多要素（水面波的例子是許多水分子）發生振動而形成波。但是，德布羅意卻認為單獨一個電子也具有波的性質。

德布羅意的論文對於後來的物理學有著巨大的影響，但令人訝異的是，它只是一篇學位論文（用於申請學位的論文）而已。德布羅意並沒有拿到學位，因為他的想法違反了當時的常識，學位論文的審核人也質疑這樣的論點。

讚賞學位論文的愛因斯坦

當時指導德布羅意的法國物理學家朗之萬（Paul Langevin，1872～1946）把這篇論文寄給已經獲頒諾貝爾獎而成為學界權威的友人愛因斯坦。因為他認為，這篇論文把光量子

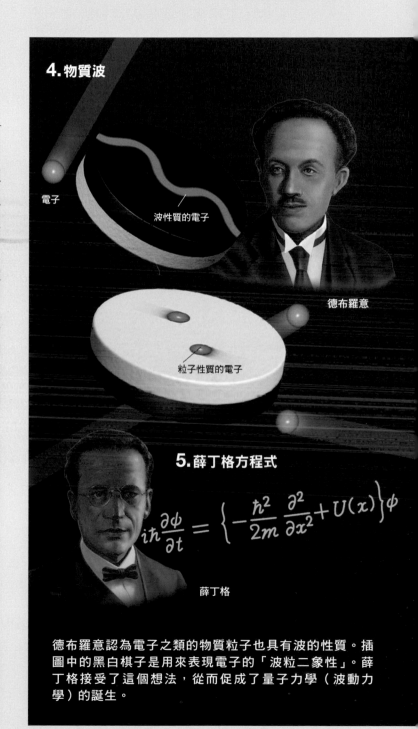

4. 物質波

電子

波性質的電子

德布羅意

粒子性質的電子

5. 薛丁格方程式

薛丁格

$$i\hbar\frac{\partial\psi}{\partial t}=\left\{-\frac{\hbar^2}{2m}\frac{\partial^2}{\partial x^2}+U(x)\right\}\psi$$

德布羅意認為電子之類的物質粒子也具有波的性質。插圖中的黑白棋子是用來表現電子的「波粒二象性」。薛丁格接受了這個想法，從而促成了量子力學（波動力學）的誕生。

假說做進一步的發展，或許會得到愛因斯坦的關注。

　　愛因斯坦讀了這篇論文後，對於德布羅意的物質波創意十分激賞，寫了一封信給朗之萬，說：「他把巨大面紗的一角掀起來了」（取自《路易‧德布羅意》）。愛因斯坦更在自己隨後發表的論文中，引用德布羅意的學位論文，並且強調物質波這個想法的重要性。

　　受到學界權威愛因斯坦的關注，這件事似乎具有非常大的影響力。奧地利物理學家薛丁格透過愛因斯坦的論文，而注意到德布羅意的論文。薛丁格把德布羅意的想法進一步發展，於1926年完成「波動力學」。

　　波動力學是量子力學的具體論述之一，它的基本方程式（薛丁格方程式，前頁的插圖5）成為量子力學最重要的方程式之一。

與波耳的大論戰

哥本哈根詮釋的登場

　　除了前面介紹的內容之外，愛因斯坦在量子論的領域還獲得許多輝煌的成果，簡直可以說是量子論的創始者之一。不過，愛因斯坦也有來到轉折點的時候。第一個契機，就是原本在德國相當活躍，後來轉移到英國的物理學家玻恩（1882～1970），在1926年發表了與物質波有關的「機率詮釋」。

　　由德布羅意構思，薛丁格加以發展的物質波想法，陸陸續續闡明了微觀世界的各種現象。但是，對於「物質粒子所具有的波性質，實際上意味著什麼呢？」此問題，仍然是個謎。在這段期間，玻恩和在哥本哈根活躍的波耳等人，採用了「物質粒子的波表示該粒子的發現機率」的詮釋（機率詮釋）。

　　想像如同插圖6-a所示的電子波。當有這樣

的電子波存在時，如果橫座標表示觀測的電子位置，則在波峰頂點和波谷底部，亦即振幅（距離橫軸的長度）最大的地方，電子的發現機率最大。而在振幅為0的點，電子的發現機率是0。也就是說，在任何一點，波的振幅大小對應於電子之發現機率的高低。

　　接著，想像一個虛擬實驗使用受到電子撞擊會發光的屏幕吧（插圖6-b）！電子波在抵達屏幕前，是散布在整個屏幕的範圍。但是，當電子波碰觸到屏幕時，並不是整個屏幕都發亮，而是只有屏幕上的一個點會發亮。真是不可思議！電子在撞擊屏幕之前是表現出波的行為，一撞到屏幕就轉而表現出粒子的姿態。這稱為電子具有「波粒二象性」。

　　粒子性質的電子相當於沒有寬度的針狀波函

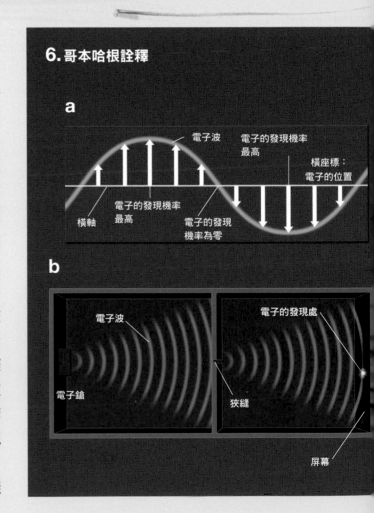

6. 哥本哈根詮釋

a

電子波
電子的發現機率最高
橫座標：電子的位置
橫軸
電子的發現機率最高
電子的發現機率為零

b

電子波
電子的發現處
電子鎗
狹縫
屏幕

數（插圖6-c）。這代表粒子性質的電子必定會在某一個點被發現，但針狀波函數所代表的電子波也必定會在某一個點被發現電子。

波耳等人對這項虛擬實驗的解釋如下。「電子在抵達屏幕之前，是散布在整個屏幕範圍，在屏幕上的任何一點都有可能發現它。但是當電子波撞擊到用以偵測電子所在位置的觀測裝置（屏幕）時，其波函數在一瞬之間塌縮成針狀。」這樣的過程，稱為觀測造成的「波的塌縮」。這個認同機率詮釋以及波塌縮的量子論詮釋，由於波耳等人活躍於哥本哈根而被稱為「哥本哈根詮釋」。哥本哈根詮釋至今仍被當成標準的量子論詮釋。

愛因斯坦和波耳的論戰

延伸到會場外

哥本哈根詮釋把物質波當成抽象的東西在處理。但是，愛因斯坦卻認為物質波具有「實體」，所以強烈反對哥本哈根詮釋。此外，波會塌縮的理由並不明確，所以他對這一點也加以批判。

哥本哈根詮釋認為電子會出現在屏幕的什麼地方並無法預測，只能用機率預測，當許多電子撞擊屏幕時，會在什麼地方有多少程度的電子留下痕跡。這就和擲骰子相似，只投1次骰子，無法預測會出現什麼點數，能夠知道的，只是每個點數會以6分之1的機率出現。

但是愛因斯坦認為，無法知道電子會出現在屏幕上什麼地方的原因，是由於量子論還不是一個完備的理論。愛因斯坦的主張，可以說

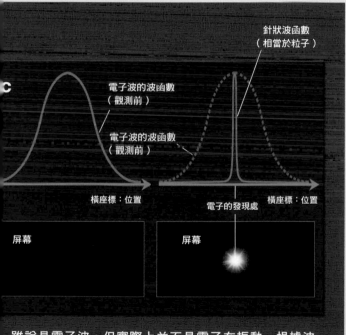

雖說是電子波，但實際上並不是電子在振動。根據波耳等人的詮釋（哥本哈根詮釋），電子波與「電子的發現機率」有關（a）。設置一種受到電子撞擊會發出螢光的屏幕，再讓電子波撞擊屏幕，則原本散布在整個屏幕範圍的電子波會在一瞬之間塌縮，以粒子的姿態在屏幕上的一個點留下痕跡（b、c）。這個過程稱為觀測造成的「波的塌縮」。

波耳（1885～1962）。波耳等人的哥本哈根詮釋至今仍是量子論的標準詮釋，波耳和愛因斯坦針對詮釋的議題展開了一場大論戰。

比較接近我們的常識：「物質的行為不是以機率來決定，而應該是完全依循自然法則來決定」，但哥本哈根詮釋卻把這樣的常識徹底推翻了。

1927年，催生並發展量子論的物理學家們，在比利時的布魯塞爾舉行第五屆索爾維會議。這場會議聚集了包括愛因斯坦和波耳等名噪一時的物理學家（下方照片）。

有趣的是，直到後世依然流傳不休的愛因斯坦和波耳論戰，並不是在這個論壇上點燃戰火，而是在大廳以及餐廳等處展開。在會議期間，愛因斯坦每天早上在旅館向波耳指摘量子論虛擬實驗的問題點。然後，波耳花一天的工夫思考如何反駁愛因斯坦，在晚餐的座席上發表他的論述。

波耳提出相對論加以反駁

論戰延續到1930年的第六屆索爾維會議。愛因斯坦提出了一個使用「光子箱」的思想實驗，打算指摘從量子論導出「能量與時間的不準量關係」的錯誤。所謂的「不準量關係」，一般是指「兩個成對的物理量（位置與動量〔質量×速度〕等等）無法同時確定」。這個虛擬實驗意味著「光子從箱子飛出來的時刻和光子具有的能量兩者無法一起確定」。以下就來詳細地介紹這個實驗。

有個側面開上小孔的箱子，孔上安裝著活動遮板。在箱子裡放入光源和時鐘，到了某個時刻，打開活動遮板一個瞬間，只讓一個光子從小孔飛出來。這個時候，光子會帶走能量，而根據相對論，「能量與質量是等效的」，所以光子帶走的能量會使箱子變輕。

於是，愛因斯坦主張，活動遮板打開的時間可以縮到極短，而且光子帶走的能量也可由箱

1927年第5屆索爾維會議全體參與者合影。對量子論的發展有貢獻的著名物理學家齊聚一堂。在本書出場的人物有下排的普朗克（左起第2人）、愛因斯坦（中央）、朗之萬（右起第4人）；中排右起依序為波耳、玻恩、德布羅意、康普頓、狄拉克；上排有海森堡（右起第3人）、包立（右起第4人）、薛丁格（右起第6人）。唯一的女性為居里夫人（Marie Curie，1867～1934）。

子質量的變化加以測定，所以兩者都能夠正確得知。這就違反了能量與時間的不準量關係。

針對這一點，波耳祭出廣義相對論加以反駁。他表示，為了測定箱子的質量，設計一個像下圖所示（7），把箱子裝上彈簧的裝置。根據廣義相對論，有重力在作用的時候，不同位置（高度）的時間進程並不一樣。因此，隨著箱子位置的不同，活動遮板打開之時刻的測定結果也不一樣。但是，若為了確認時刻的測定結果而確定箱子位置，則由於量子論的效應，這下變成箱子的上下方向的速度沒有確定，從而影響彈簧對重量的測定（位置與動量的不準量關係）。這麼一來，就變成無法正確測定光子的能量。

也就是說，活動遮板打開的時間和光子的能量之間，成立不準量關係，這就是波耳的反駁。從那時起，傳說著波耳就是藉此駁倒了愛因斯坦的主張。

時人未能理解愛因斯坦真正的問題本意？

但是，這個故事後來還有其他的說法。「其實，以上的說明和箱子的圖，都是波耳所寫回憶錄裡面的內容。根據近年來科學史家的研究，波耳似乎並沒有理解到，愛因斯坦當時的問題本意」（和田博士）。

在光子飛到遠方之後，便能夠儘可能正確地測定箱子的質量。而這項測定應該不會對遠方的光子造成任何影響，所以光子的能量從最初就已經確定了，和箱子的測定沒有關係（愛因斯坦這樣認為）。活動遮板打開的時間（假設犧牲能量的同時測定的話）也能夠正確測定，所以這就和不準量關係有所矛盾，愛因斯坦真正的意思似乎是這樣。

愛因斯坦在1933年納粹掌握政權時，便離

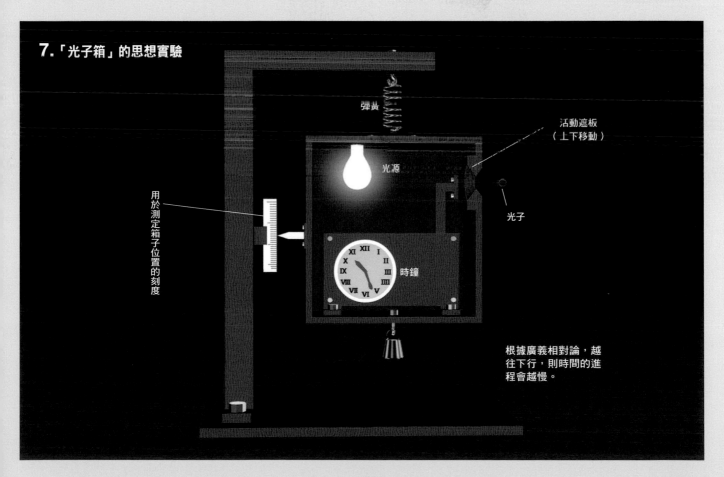

7.「光子箱」的思想實驗

彈簧

活動遮板（上下移動）

光源

光子

用於測定箱子位置的刻度

時鐘

根據廣義相對論，越往下行，則時間的進程會越慢。

愛因斯坦（右）與波耳（左），攝於1930年。

開德國前往美國，就任普林斯頓高等研究院的教授。1935年，愛因斯坦和波多斯基、羅森這兩位年輕的共同研究者一起發表了批判量子論矛盾點的論文。這篇論文的主題是「EPR悖論」。

量子論主張，假設A粒子和B粒子發生交互作用之後彼此遠離，則若對A粒子的性質進行測定，便會因此決定B粒子的性質。EPR悖論卻主張，能夠藉由測定遠方物體而決定粒子的性質，是因為在測定前，粒子性質就已經確定了（這稱為「從測定前已經實在」）。EPR悖論以此為著眼點來挑戰不準量關係，並主張如果對一個粒子進行測定會瞬間影響遠方的另一個粒子，就表示違反相對論的「幽靈般的超距作用」存在，所以這個主張說不通。

薛丁格以「量子糾纏」來表現愛因斯坦所稱「幽靈般的超距作用」現象。意思是互相遠離的粒子（物體）性質並非獨立，而是成組決定。這樣思考的話，就不再是瞬間將影響傳送到遠方的「幽靈般的超距作用」，解決了愛因斯坦的疑問。不過，互相遠離的粒子性質不是各自決定，這個說法並非那麼容易理解。

當時，波耳也發表了對於EPR悖論的反駁。他的論述要旨在今天來看其實相當曖昧不明，但當時學界的主流傾向於波耳的哥本哈根詮釋，甚至把愛因斯坦視為無法接受新思想的「落後時代者」。

「量子纏結」獲得確認

在愛因斯坦去世之後，愛爾蘭物理學家貝爾（1928～1990）開拓了藉由實際的實驗來驗證EPR悖論的道路。貝爾發現了一個不等式，如果粒子的個別性質為「從測定前已經實在」的話，這個不等式就會成立，而如果量子力學正確（有纏結）的話，那麼這個不等式就不會成立。

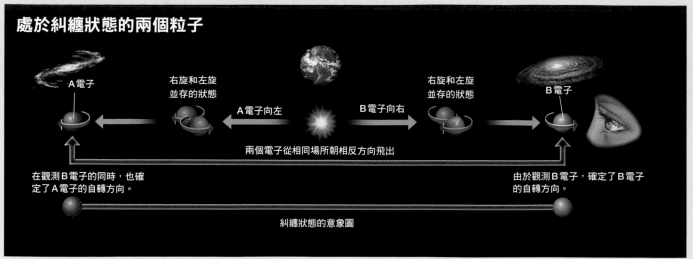

處於糾纏狀態的兩個粒子

A電子

右旋和左旋
並存的狀態

右旋和左旋
並存的狀態

B電子

A電子向左

B電子向右

兩個電子從相同場所朝相反方向飛出

在觀測B電子的同時，也確定了A電子的自轉方向。

由於觀測B電子，確定了B電子的自轉方向。

糾纏狀態的意象圖

從70年代到80年代，許多人進行過關於這個不等式的檢證實驗，結果得知貝爾的不等式並不成立。

「這個結果不符合愛因斯坦的期待，但並不是證實了他所厭惡的『幽靈般的超距作用』存在，而應該是確認了依照以往的感知無法想像的狀況。也就是說，許多粒子的性質是成組地確定，而且，有許多組共存著」（和田博士）。

這個事實固然否定了愛因斯坦的直觀，但也不能說是支持了波耳的主張。「所謂有許多組共存，其實更暗示著多世界詮釋的方向。只是，學界對於這點還沒有達成共識。事實上，以糾纏為基礎的資訊理論等等仍在持續發展中」（和田博士）。

愛因斯坦在發表EPR悖論後，仍然對哥本哈根詮釋抱持著批判的態度。「波耳在思考如何回覆愛因斯坦的批判的過程中，也間接促進了哥本哈根詮釋的發展」（和田博士）。

愛因斯坦在量子論的黎明期，對於物質的光的發射與吸收，曾經發展了利用機率的理論。據說玻恩的機率詮釋是受到愛因斯坦這個想法的影響。但是，愛因斯坦雖然承認量子論的有用性，卻認為量子論並不完備，一旦「完備的理論」登場，哥本哈根詮釋應該就會被否定。

貝爾（1928～1990）。1982年攝於歐洲原子核研究組織（CERN）。

直到現在，仍然沒有支持愛因斯坦期待的實驗事實出現，但是對於波耳的哥本哈根詮釋過於曖昧不明的批判並沒有因此消失，學界至今仍然熱烈議論著多世界詮釋等等其他的詮釋。

不過，以整個物理學而言，量子論的有用性並沒有受到質疑，儘管有著詮釋的論戰，但是以量子論為基礎的現代物理學依然蓬勃地持續發展。

8. 自然界四種力的統一理論

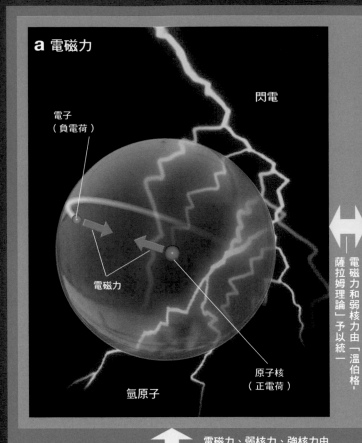

a 電磁力

閃電

電子
（負電荷）

電磁力

原子核
（正電荷）

氫原子

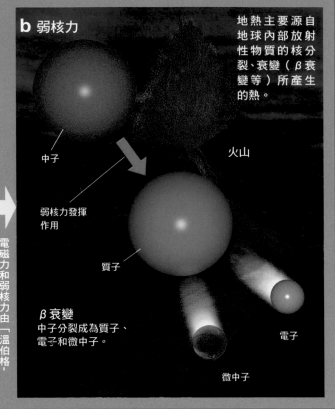

b 弱核力

地熱主要源自
地球內部放射
性物質的核分
裂、衰變（ β 衰
變等）所產生
的熱。

中子

火山

弱核力發揮
作用

質子

β 衰變
中子分裂成為質子、
電子和微中子。

電子

微中子

電磁力和弱核力由「溫伯格‧
薩拉姆理論」予以統一

電磁力、弱核力、強核力由
「大一統理論」予以統一

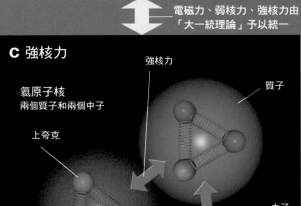

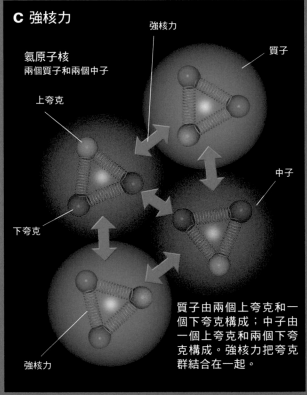

c 強核力

強核力

氦原子核
兩個質子和兩個中子

質子

上夸克

中子

下夸克

強核力

質子由兩個上夸克和一
個下夸克構成；中子由
一個上夸克和兩個下夸
克構成。強核力把夸克
群結合在一起。

d 重力

太陽系

太陽系的眾多天體受到太
陽的重力所吸引，因而繞
著太陽公轉。

力的理論統一

邁向統一重力與電磁力的坎坷之路

與量子論的研究漸行漸遠的愛因斯坦，轉而投入建構一個把重力與電磁力做統一說明的新理論。重力已由愛因斯坦自己於1915年至1916年完成的廣義相對論加以說明。另一方面，電磁力是由電荷和磁性所產生的力（靜電產生的力或磁鐵產生的力等）（8-a）。

愛因斯坦認為重力和電磁力只是從不同的面向來看同一種力，正本清源應該視為同一種力才對。例如圓錐，從側面看去呈現三角形，從底面看去則變成圓形。雖然是同一個圓錐，但是從不同的角度，卻會看到完全不一樣的各種面貌。愛因斯坦認為重力和電磁力的關係也類似於圓錐的例子，因此重力和電磁力應該可以放在一個理論之中做統一的說明。

「做為一個物理學家，他想要把所有的東西都做統一的思考。因為他有個根深柢固的信念，就是自然界的根本法則只有一個。或許愛因斯坦認為，如果重力和電磁力的統一理論成功的話，那麼他所考量的量子論問題點應該也就能夠克服了」（和田博士）。

愛因斯坦終其一生千方百計地試圖建立重力和電磁力的統一理論，可惜終究未能如願。

在量子論的延長線上，把三種力統一起來了

事實上，在自然界中，除了重力和電磁力之外，還有「弱核力（弱力）」和「強核力（強力）」這兩種力。弱核力是會引發原子核衰變現象的力（8-b），強核力是把原子核裡面的質子和中子聯繫在一起的力（8-c）。這兩種力在愛因斯坦的晚年時期已經逐漸為人所知，可是愛因斯坦對它們不太感興趣。不過，後來漸漸明白電磁力更像弱核力和強核力，反而比較不像重力。愛因斯坦想把最不相似的電磁力和重力一下子就統一起來，他的嘗試未能成功，也

不是沒有道理的。

諷刺的是，「力的統一」這個愛因斯坦的夢想，卻在量子論的延長線上達成了。「溫伯格-薩拉姆理論（電弱統一理論）」使用量子論的架構，把電磁力和弱核力做了統一的說明。而把它再加上強核力，嘗試統一說明三種力的「大一統理論（GUT）」，也有不少科學家提出了不同的模型，正在等待施行實驗加以驗證。進一步，也出現了許多理論，試圖把包括重力在內的四種力做統一的說明。

以上種種現代物理學對於力的統一理論的挑戰，基本上都是在量子論的架構中進行。愛因斯坦對於統一理論的研究，很遺憾地，似乎未能在現代物理學力的統一理論中有所發揮。但是，愛因斯坦想把自然界所有的力做統一思考的遺志，也被傳承下來了！

現代物理學隨著愛因斯坦而發展

談到愛因斯坦必定會想到「相對論」吧！相對論是探討時間和空間的理論，同時也是宇宙論的基礎。但是，誠如前文所提及的，愛因斯坦對於闡明微觀世界的量子論發展，可以說也直接或間接地產生了很大的影響。相對論和量子論並列為現代物理學的兩大支柱，量子論的發展史宛如愛因斯坦的另一個故事。

相對論和量子論這兩個顛覆物理學的革命性理論，在20世紀初期誕生，成為後來科學技術發展的基礎。少了這兩大理論，即無法成就現代社會。尤其是量子論，催生了半導體產業，支撐起我們的日常生活。愛因斯坦可以說是這兩個理論的創始者。量子論還有其他的創始者，但即使如此，也無損愛因斯坦的偉大光環。現代物理學簡直可以說是伴隨著愛因斯坦一同發展起來的！

平行世界是真實存在嗎？

詳盡介紹預言了無數個平行世界存在的多世界詮釋

「多世界詮釋」是量子論的詮釋之一，主張我們生活的世界不是只有一個，而是有無數個平行世界存在。你是在各個平行世界中，過著不同的人生。平行世界究竟在「什麼地方」，有「多少個」存在呢？我們有沒有辦法和住在平行世界的自己取得聯繫呢？

從這裡開始，將為你探討這個提出了宛如科幻小說的世界觀的「多世界詮釋」。

協助：和田純夫 日本成蹊大學兼任講師

無數的平行世界中有無數個「自己」

本圖所示為「多世界詮釋」提出的平行世界示意圖。多世界詮釋認為，除了我們認知的這個世界之外，還有無數個平行世界存在。在這些平行世界中，有過著另一種人生的「自己」。

從宇宙剛誕生後不久，世界就開始分歧了

我們居住的這個世界（宇宙）可能誕生於大約138億年前。根據量子論的「多世界詮釋」，世界（宇宙）在誕生不久之後就開始分歧，一直到現在，仍然在不斷地分歧之中。我們居住的這個世界，只是無數個分歧世界中的一個。

我們的常識不適用於量子論的數學公式

所謂的多世界詮釋，是說明微觀物質的行為的「量子論（量子力學）」眾多詮釋之一。原子和電子等微觀物質，會發生「可同時存在多個狀態」這種依我們的常識很難理解的神奇現象。

如果利用量子力學的基本公式「薛丁格方程式」，可以藉由計算求得微觀物質的行為。但是，我們的常識並不適用於解薛丁格方程式所得到的數學式子（波函數）。因此，如果要理解這個數式背後的意義，就需要各式各樣的詮釋才行。多世界詮釋是想要利用「許多個世界同時存在」的想法，來說明量子論的神奇數式。

「你自己」也在其他世界生活著

多世界詮釋主張：分歧後的世界不會消滅，而會持續存在。也就是說，從宇宙誕生至今的138億年間，分歧而成的無數個世界，至今仍然同時平行地存在。

鑽研多世界詮釋的和田純夫博士（日本成蹊大學兼任講師）說了下面這段話：「沒辦法從我們認知的『這個世界』，去觀測理應存在的無數個『其他世界』。儘管如此，多世界詮釋認為各種世界是實際存在的。」

世界在分歧之際，所有東西會一起分歧，因此你本身也會分歧而存在於許多個世界中。你

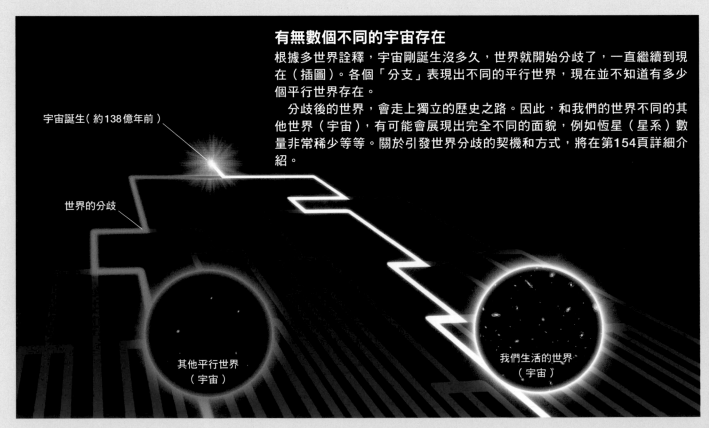

有無數個不同的宇宙存在

根據多世界詮釋，宇宙剛誕生沒多久，世界就開始分歧了，一直繼續到現在（插圖）。各個「分支」表現出不同的平行世界，現在並不知道有多少個平行世界存在。

分歧後的世界，會走上獨立的歷史之路。因此，和我們的世界不同的其他世界（宇宙），有可能會展現出完全不同的面貌，例如恆星（星系）數量非常稀少等等。關於引發世界分歧的契機和方式，將在第154頁詳細介紹。

宇宙誕生（約138億年前）

世界的分歧

其他平行世界
（宇宙）

我們生活的世界
（宇宙）

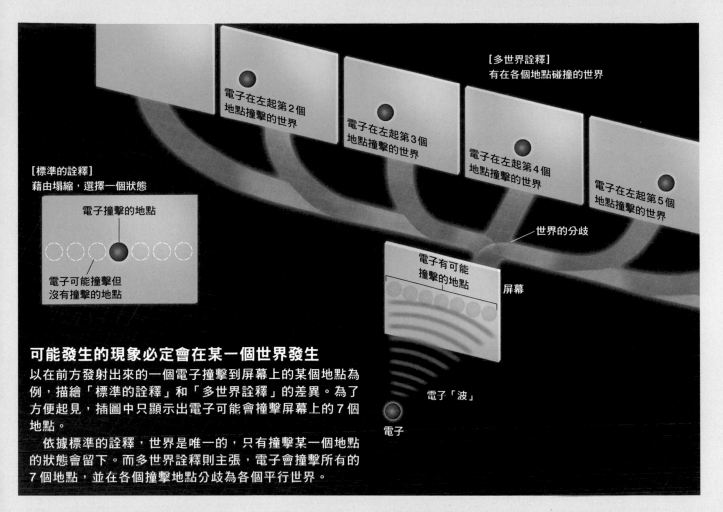

[多世界詮釋]
有在各個地點碰撞的世界

電子在左起第2個地點撞擊的世界

電子在左起第3個地點撞擊的世界

電子在左起第4個地點撞擊的世界

電子在左起第5個地點撞擊的世界

世界的分歧

[標準的詮釋]
藉由塌縮，選擇一個狀態

電子撞擊的地點

電子可能撞擊但沒有撞擊的地點

電子有可能撞擊的地點

屏幕

電子「波」

電子

可能發生的現象必定會在某一個世界發生

以在前方發射出來的一個電子撞擊到屏幕上的某個地點為例，描繪「標準的詮釋」和「多世界詮釋」的差異。為了方便起見，插圖中只顯示出電子可能會撞擊屏幕上的7個地點。

依據標準的詮釋，世界是唯一的，只有撞擊某一個地點的狀態會留下。而多世界詮釋則主張，電子會撞擊所有的7個地點，並在各個撞擊地點分歧為各個平行世界。

在這個世界中正在讀這篇文章，但是在另一個世界（平行世界）中可能是在睡覺，或是在外頭散步等等。

分歧的世界只會和可能性一樣多!?

想像一下，把1個電子朝屏幕發射，並且撞擊屏幕的情景吧！電子有可能撞擊屏幕上大片範圍的任何一個地點，但在撞擊前，並無法得知實際上會撞到哪個地方。如果只發射1個電子，就只會在屏幕上的某一個地點留下電子撞擊的痕跡，這種現象已透過實驗加以證實了。

量子論之「標準的詮釋」（哥本哈根詮釋）把這種現象解釋為：電子原本以散布的「波」的形式在空間中行進，在撞擊屏幕的瞬間（進行觀測的瞬間）「塌縮」成為「粒子」，因此在屏幕上的一個地點留下撞擊的痕跡。但是在撞擊的瞬間，撞擊地點以外的「波」都從這個世界消失了。

追求「實在性」則要依循多世界詮釋

另一方面，「多世界詮釋」則不認為，原本散布在空間中的「波」會只留下撞擊的一點而消失，反而主張：電子會撞擊有可能撞擊的所有地點。但是，在現實世界進行實驗的結果，1個電子確實只能撞擊1個地點，也就是說，只有在1個地方觀測到電子。因此，多世界詮釋主張：在電子撞擊的每個地點，會分歧為各自不同的世界（上方插圖）。

「如果想把電子『波』解釋為某種實在的東西，則必然要採取多世界詮釋。」和田博士表示。「因為，原本實際存在的『波』，在撞擊的瞬間突然消失了，這實在是說不通」（和田博士）。

為什麼認為世界應該會分歧？

除了我們居住的這個世界之外，還有其他的世界（平行世界）存在，這種論調真讓人無法馬上接受。標準詮釋（哥本哈根詮釋）提出「塌縮」的想法，主張原本散布在空間中的「波」在一瞬之間消失了。雖然這種想法存有無法解釋清楚的疑點，但是，又有什麼理由去採納「有無數個平行世界存在」這種令人難以置信的想法呢？

對標準詮釋提出異議的年輕研究者

量子力學的基本公式「薛丁格方程式」沒有包含塌縮的現象。塌縮可以說是為了說明微觀物質看似在一瞬之間由「波」變成「粒子」的現象，而加在量子力學上的想法（假定）。利用塌縮的量子論詮釋，由丹麥物理學家波耳（1885～1962）、德裔英籍物理學家海森堡（1901～1976）於1920～1930年代建構而成，後來廣為人們所接受而成為標準的詮釋。

另一方面，多世界詮釋的原始構想，則來自美國普林斯頓大學的研究生艾弗雷特三世（Hugh Everett III，1930～1982），在1957年的博士論文中提出。艾弗雷特對於加上「塌縮」這個假定抱持著很大的疑問，認為應該「維持」薛丁格方程式的原貌。艾弗雷特主張，並非多個狀態由於觀測而塌縮成一個特定的狀態，而是可能的狀態全部持續疊合著。順便說一下，當時艾弗雷特並沒有使用「多世界」這個語詞（參照右頁的專欄）。

艾弗雷特的嶄新創意，在發表當時，完全不被支持標準詮釋的波耳等人所接受。艾弗雷特在大學畢業之後，到美國國防部從事軍事的研究等工作，從此沒有再回到量子力學的研究領域。1982年，艾弗雷特因心臟病發作去世，享年51歲。

從外面觀測宇宙？

根據標準詮釋，從外部觀測對象物會促發狀態的塌縮。當對象物是整個宇宙的時候，由於它的外部並不存在，所以無法如插圖所示一般地從外面進行觀測。

裝著「薛丁格的貓」的箱子

觀測者

整個宇宙

位於宇宙「外面」的觀測者

宇宙無論到什麼時候都無法塌縮！？

艾弗雷特的想法雖然始終未被學界接納，但是從1970年代以後，卻在企圖把量子論適用於整體宇宙的「量子宇宙」（量子宇宙論）研究者之間獲得廣泛的支持。

根據標準的詮釋，塌縮是在從「外部」觀測對象物時開始發生。事實上，以整體宇宙的層級來思考事物時，這個想法會發生問題。

例如第2章第70頁介紹的裝著「薛丁格的貓」的箱子，如果是日常使用的尺寸，不會有什麼問題，觀測者能夠從箱子外面觀測箱子裡面。那麼，如果把箱子逐漸放大的話，會變成什麼情形呢？放大到最後，箱子變成和整個宇宙一樣大的話，要如何從外面進行觀測呢（左頁插圖）？

一般認為，並沒有「宇宙的外面」這種空間，所以無法從外面觀測整個宇宙。也就是說，會變成無法使宇宙整體的狀態發生塌縮。這種一定要有「外面（的觀測者）」的想法，到最後勢必會產生破綻。因此，標準的詮釋可以說並不符合量子宇宙。

另一方面，不採用塌縮這個想法的多世界詮釋，就不會產生這種破綻。因此，多世界詮釋逐漸受到以量子宇宙的研究者為中心的廣泛支持。「在1990年代，除了『量子宇宙』之外，同樣和多世界詮釋非常匹配的『量子電腦』的研究越來越活躍，使得多世界詮釋的支持者急速增加。不過，最近，出現了與哥本哈根詮釋比較接近的其他新詮釋，好像也得到了越來越多的支持者」（和田博士）。

有無數個世界存在反而比較「簡單」？

詮釋終究只是詮釋，所以無論是標準的詮釋（哥本哈根詮釋）也好，多世界詮釋也罷，都沒有跳脫量子力學的架構。差別只在於，為了理解微觀物質所發生的神奇現象，你是要接受「塌縮」這個概念，認同先前的狀態會在一瞬

間產生變化的，或是要接受「多世界」這個概念，認同世界會分歧為無數多個。

在評價各式各樣的科學假說之際，經常會採用一個基準，那就是所謂的「奧卡姆剃刀」（Ockham's razor 或 Ocham's razor）。這就是14世紀的英國哲學家暨神學家奧卡姆（William of Ockham，1285～1347）提出的想法，他主張「在說明某個現象時，額外的假定（前提、創意）越少越好」。「根據奧卡姆剃刀的精神，多世界詮釋沒有加上塌縮這個額外的假定，或許可以說是比標準詮釋更精簡的優異想法。」和田博士表示。

但另一方面，「從標準詮釋的支持者來看的話，多世界詮釋加上了無數個根本看不到的世界，或許才是違反了奧卡姆剃刀的精神。要把什麼當成是『額外的東西』，不同的立場會有不同的看法。所以，標準的詮釋和多世界詮釋，何者為優？何者為劣？這恐怕無法單純地做比較」（和田博士）。

世界的分歧是以光速進行！？

　　如果依據多世界詮釋來思考第 2 章第70頁所介紹的「薛丁格的貓」，隨著觀測，世界會分歧為「貓活著的世界」和「貓死掉的世界」。

　　根據多世界詮釋，世界會藉由什麼樣的契機而分歧呢？和田博士表示：「世界發生分歧，首先必須是微觀物質處於多個狀態疊合的狀態。但是，在這些狀態能夠互相轉移、修復的階段，世界並不會分歧。」例如，電子以「波」的形式散布著，處於屏幕上的 A 和 B 任一個地點都有可能被撞擊，但仍然是在還沒有撞擊的階段（左下方插圖）。

　　「雖然已經處於疊合的狀態，但是要等到由於觀測等因素而確定為某個特定狀態，無法再回復原來的疊合狀態，亦即無法修復疊合的時候，世界才會分歧」（和田博士）。例如，電子以「粒子」的形式撞擊了屏幕上的 A 或 B 的任一個地點之後，會對電子和構成屏幕的原子造成影響，使得各自的狀態變得和撞擊前不一樣了。假設撞到了 A 地點，就再也無法把它的狀態變化全部回復原狀，而更改為撞擊 B 地點。於是，世界分歧為「撞擊了 A 地點的世界」和「撞擊了 B 地點的世界」。

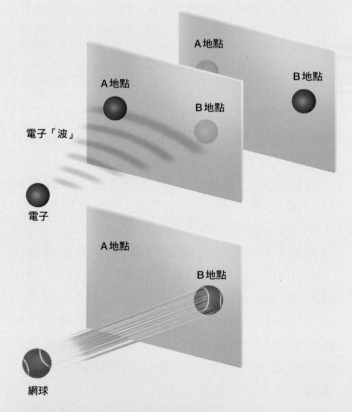

電子「波」

A地點

A地點

B地點

B地點

電子

A地點

B地點

網球

沒有成為疊合的狀態則世界不會分歧

微觀物質（電子）以「波」的形式散布在空間中，能夠同時存在於許多個場所（成為疊合的狀態）。因此，直到撞擊屏幕之前，撞擊 A 地點或撞擊 B 地點的兩種可能性都存在。撞擊後，分歧為撞擊了 A 地點的世界和撞擊了 B 地點的世界（插圖上側）。

　　另一方面，巨觀物質（網球）則無法同時存在於許多個場所。因此，撞擊地點從最初就已經決定好一個了，世界也不會因此而分歧（插圖下側）。

日常的行為不會造成世界分歧

　　如果撞擊的東西不是電子，而是網球之類的巨觀物質（肉眼可見的巨大物質），會不會發生世界的分歧呢？「存在於某一個世界中的巨觀物質，無法成為疊合狀態，所以無法引發世界的分歧。」和田博士表示。「在抵達目的地之前，『步行前往的我』和『騎車前往的我』成為疊合狀態，這種情形一般來說是不可能存在的。因此可以認定，世界的分歧不會因為我們的日常行為而發生」（和田博士）。

　　巨觀物質基本上是由許多粒子（原子）所構成。構成的粒子數量眾多，則粒子之間會互相影響，各個粒子無法持續處於疊合狀態。因此，就巨觀物質整體而言，並不會成為疊合狀態。順便說一下，脫離疊合狀態，以專業術語稱之為「發生去相干」（失去干涉性）。

　　世界的分歧會以多大的頻率發生呢？想要計算出來，是有些難度。「如果施行能製造出電子疊合狀態的物理學實驗，應該就能確實地促發世界的分歧。人類的身體也是由無數個原子

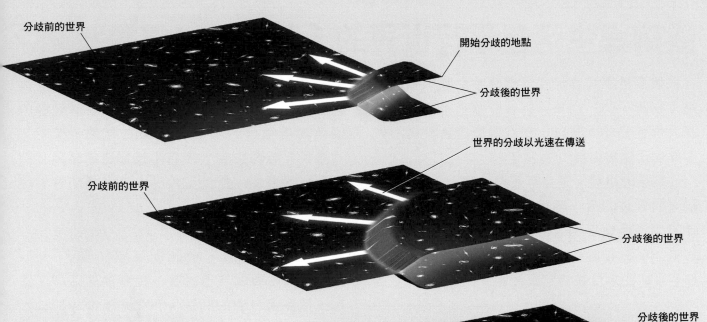

分歧前的世界

開始分歧的地點

分歧後的世界

世界的分歧以光速在傳送

分歧前的世界

分歧後的世界

分歧後的世界

世界的分歧以光速在傳送？

把世界的一部分繪成二維膜，來表現世界（宇宙）逐漸分歧的意象圖。和田博士表示，如果發生使世界分歧的現象，有可能是從發生的地點開始，世界像撕開一樣地分歧（去相干）開來。「一般認為，電磁波在去相干過程中扮演著重要的角色，因此世界的分歧可能也是以電磁波為媒介而擴散出去」（和田博士）。

所構成，一直在發生各式各樣的化學反應，但是在這些體內的反應中，是不是會有促使世界發生分歧的契機，我們並不清楚。現在這個瞬間，或許地球的各個角落也正在發生世界的分歧，但它的頻率大到什麼程度，仍是未知數」（和田博士）。

分歧的世界和沒有分歧的世界混在一起？

如果在宇宙的某個地方產生了引發世界分歧的現象，那麼世界會以什麼方式分歧呢？和田博士說：「一旦發生分歧，它的影響可能是以光速在傳送。」「造成分歧的契機是某個物質，物質必定會依據它的溫度放出各種波長的電磁波（光）。世界的分歧的影響可能是以物質放出的電磁波等等為媒介，以光速在傳送」（和田博士）。

愛因斯坦建構的關於時間與空間的物理學理論「相對論」主張，一切物質的移動速度都無法超越光速（秒速約30萬公里），而且任何資訊的傳送速度也無法超過光速。多世界詮釋主張的世界分歧，可能也不是世界（宇宙）在一瞬之間就分開來，而是以開始分歧的出發點為中心，以光速逐漸分開來（上方插圖）。

現在的宇宙空間仍然在持續膨脹之中。因此，宇宙遠方的星系等是以超過光速的速度在遠離地球。由於是肇因於空間本身的膨脹，所以雖然目視速度超過光速，但並沒有違反相對論。「世界分歧的影響可能無法到達比光速更快地遠離我們而去的遠方區域」和田博士表示。在宇宙之中，世界已經分歧的場所和尚未分歧的場所，極有可能是混雜在一起。

能夠與生活在平行世界的「自己」取得聯繫嗎？

根據多世界詮釋，在世界分歧之際，構成世界（宇宙）的一切東西都會分歧。不只物體，連人也會分歧，所以，正在閱讀這篇文章的你本身也正隨著世界一起分歧。

分歧後的世界，各自有著自己的「命運」。在數天前分歧的另一個世界的你，或許和這個世界的你過著幾乎相同的生活。而在數年前分歧的另一個世界的你，有可能變成一個大富豪，也有可能生病住院（右頁插圖）。

「量子糾纏」若以多世界詮釋來看並不那麼神奇

例如，設想由一個「電子」和一個「正電子」構成的一對粒子，自旋（類似自轉的性質）方向尚未確定，但必定能夠製造出兩者自旋方向相反的狀況。在這自旋方向未定的狀態（疊合狀態）之下，把兩個粒子拉開，使之相隔十分遙遠。

然後，觀測電子的自旋方向，假設得知為「向上」。這麼一來，在這個瞬間，兩個粒子無論離得多遠，正電子的自旋方向會跟著確定為和電子相反的「向下」（下方插圖）。這種不可思議的現象稱為「量子糾纏」。

根據標準的詮釋，在觀測電子而使它的狀態塌縮的瞬間，正電子雖然沒有被觀測，但是它的狀態也會塌縮，這是非常奇妙的現象，兩個粒子無論相隔多遠，依然持續具有奇妙的連結（具有非局部性的相關）。

但是，根據多世界詮釋，量子糾纏一點都不神奇。在電子的自旋為向上的世界中，正電子的自旋從一開始就是向下。相反地，在電子的自旋為向下的世界中，正電子的自旋從一開始就是向上。如果觀測電子的自旋方向，只是哪一個世界被選中了而已。根本不需要去想像，在觀測的瞬間，相距遙遠的兩個粒子之間有什麼神奇的遠距作用在影響。

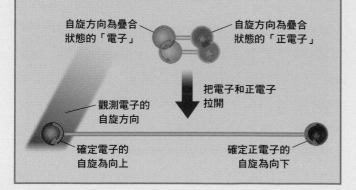

自旋方向為疊合狀態的「電子」　　自旋方向為疊合狀態的「正電子」

把電子和正電子拉開

觀測電子的自旋方向

確定電子的自旋為向上　　確定正電子的自旋為向下

至於在宇宙剛誕生不久（約138億年前）時分歧的其他世界，可能演變成幾乎沒有恆星的陰暗宇宙等等，樣貌和這個世界完全不同。「多世界詮釋主張，所有可能發生的事項全部都會實際發生，所以可能有各式各樣的世界存在」（和田博士）。

其他世界的自己，現在正在做什麼？

在其他世界的自己過著什麼樣的生活呢？這是一個非常有趣的問題。我們能不能確認分歧的其他世界的模樣，或取得聯繫呢？

「很遺憾地，我們無法認知分歧開來的其他世界」和田博士表示。根據多世界詮釋，分歧後的各個世界會變成互不相干，各自獨立繼續發展自己的歷史。不同的世界之間，任何的物質或資訊都無法接收或給予。因此，我們無法實際感知其他世界的存在，從而認為世界只有一個。

世界的數量越來越多，會在某個時候「爆胎」嗎？

分歧的其他世界究竟是在什麼地方呢？「如果要問平行世界在什麼地方，答案就是『這裡』」和田博士表示。分歧的世界並不是位於某個距離遙遠的場所，而是在相同的空間裡，互不影響地「並存」著。

根據多世界詮釋，世界的數量只會增加（分歧），不會減少。一個空間裡擠滿了這麼多個世界，真讓人擔心：空間會不會在某個時候「爆胎」呢？「這個憂慮牽涉到：『空間能夠容納多少資訊量』的問題，但事實上我們不太清楚。追根究柢，這和『空間究竟是什麼樣的東西』這個深奧問題有關，所以非常有趣。這應該會是未來的研究課題」（和田博士）。

「我」所居住的世界

其他的「我」居住的其他世界（平行世界）

其他世界的不同人生

多世界詮釋主張：有在無數個平行世界中各自生活的「我」存在。平行世界在相同的空間裡疊合存在，但是和其他世界之間無法接收或給予物質和資訊，可以說是互不干涉而並存的狀態。

能夠找到多世界詮釋的「證據」嗎？

有無數個平行世界存在，各個世界中有過著不同人生的自己。多世界詮釋真是個饒富趣味的想法，不過，這是真的嗎？

量子電腦是多世界真實存在的證據？

科學家正在研究「量子電腦」，企圖利用疊合狀態進行超高速運算，有如在平行世界同時進行各種運算，能夠一次處理數量龐大的運算（右頁插圖）。

量子電腦的基本原理，是在1985年由物理學家多伊奇（David Deutsch，1953～）所提出。多伊奇現在是英國牛津大學的教授，也是出名的多世界詮釋支持者。他在思考量子電腦的原理時，納入了多世界詮釋的想法。想要利用多伊奇所構思的原理開發出量子電腦十分困難，還沒有到達實用化的階段。

有必定能成為大富豪的「多世界詮釋性」方法？

大家知道「俄羅斯輪盤」這種遊戲吧？在左輪手槍的六個膛室（chamber）內裝進若干顆實彈（另外若干個膛室是空著），旋轉彈巢（cylinder）後，朝自己的頭部射擊。這是一種極為恐怖的機運遊戲，如果運氣不好的話，自己會中彈身亡。

據說，在多世界詮釋當中，有利用這種俄羅斯輪盤變成大富豪的方法。也就是押下大筆賭注，利用俄羅斯輪盤進行賭命的機運遊戲。不過，與俄羅斯輪盤之手槍相當的裝置，必須使用能夠引發世界分歧（製造微觀物質之疊合狀態）的東西才行。

根據多世界詮釋，有可能發生的事項全部都會發生。所以，應該有運氣不好而一命嗚呼的世界，也有幸運不死而贏得大筆賭金的世界。根據多世界詮釋，賭贏而成為大富豪的自己必定存在於某個世界中，所以理論上，無論賭贏的機率多低，應該都會有贏得這場賭注的某個世界存在。

這個故事有許多個不同的版本，成為批判多世界詮釋的人的一項「挑戰」。由於目前尚未證明多世界詮釋的正確性，而且，即使有平行世界存在，這個世界的你也有可能是賭輸而死掉的那個，所以按照一般的想法，你還是不要玩這麼危險的賭博比較好！

雖然量子電腦會做出看似「多世界詮釋性」的運作，但是量子電腦的實現並不能證明多世界詮釋的正確性。「必須能確認分歧後的平行世界確實存在，才能證明多世界詮釋的正確性。但量子電腦並不是與分歧後的平行世界連結而進行運算。量子電腦為了進行運算，必須維持疊合狀態。也就是說，這仍是在世界分歧前的階段。因為世界分歧後就無法接收及發送資訊，所以我認為，量子電腦的運作原理和多世界詮釋的證明是兩回事」（和田博士）。

雖然提出了好幾個驗證實驗，可是……

能不能利用實驗來證明多世界詮釋的正確性呢？和田博士說：「實際上，也有人提出了號稱驗證實驗的方案。但我認為，驗證實驗是不可能的。」

如果要實施驗證實驗，就必須把分歧後的世界（以標準的詮釋來說，就是由於塌縮而消失的狀態）再度與我們的世界發生干涉，才能確認多世界的存在。但是，「根據多世界詮釋的想法，是把變成了再也無法干涉的狀況稱為世界的分歧，所以如果使它們又發生干涉，這麼一來就會產生矛盾」（和田博士）。

實證派和實在派的論戰延續了好幾個世紀

和田博士表示，環繞著量子論詮釋的論戰，最早可追溯到17世紀牛頓（1642～1727）的時代，當時在「實證主義」和「實在主義」之間掀起的論戰，延續到今天仍未休止。

「簡單來說，實證主義主張科學的本質是闡明實驗所得到之結果的法則性」（和田博士）。重視觀測數據，對於無法觀測的部分，基本上不予考慮。標準的詮釋可以說是實證主義的詮釋，因為它利用塌縮這個想法，能夠圓滿地說

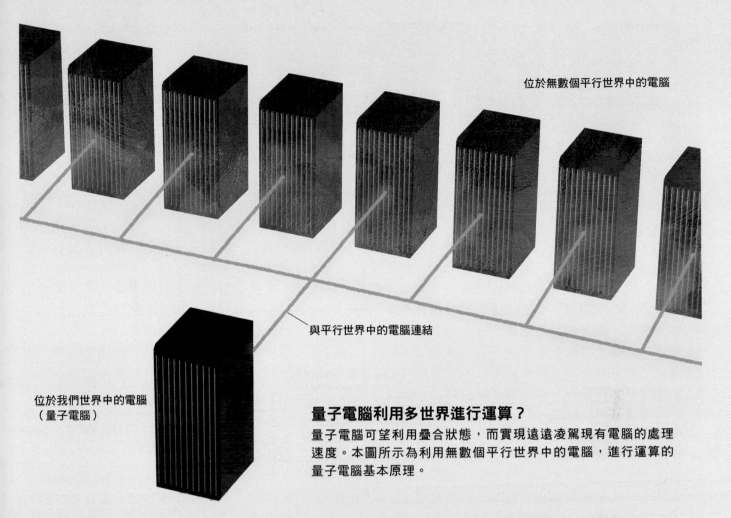

位於無數個平行世界中的電腦

與平行世界中的電腦連結

位於我們世界中的電腦
（量子電腦）

量子電腦利用多世界進行運算？

量子電腦可望利用疊合狀態，而實現遠遠凌駕現有電腦的處理速度。本圖所示為利用無數個平行世界中的電腦，進行運算的量子電腦基本原理。

明實驗結果，但對於觀測之前是什麼樣子，基本上不予考慮。

另一方面，「實在主義則是思考，實際上什麼東西經過什麼樣的過程，才會得到實驗的結果呢？」（和田博士）。多世界詮釋就是實在主義的詮釋，在得到實驗結果的時候，之前曾經存在的「波」瞬時消失而變成了「粒子」（塌縮），這種神奇的現象是一件很奇怪的事情。

在牛頓的時代，是否承認「萬有引力」這種遠距作用（在相距一段距離之物體間作用的力），在實證主義和實在主義之間引發了論戰。在20世紀初期，是否承認「原子」的存在，也曾經引發類似的大論戰。而關於量子論的詮釋，雙方的論戰至今仍然持續著。

「我認為，以現在量子力學的層次來說，關於量子論的詮釋，尚且還無法斷定是標準詮釋正確，或是多世界詮釋正確」和田博士表示。現在仍然無法藉由實驗來加以驗證，所以擁護實證主義也好，支持實在主義也好，似乎多多少少是個人偏好的問題，並非純然科學性的討論。

和田博士說：「我支持多世界詮釋。我個人認為，多世界詮釋能夠圓滿說明所有問題。」

必須在更深的層次去了解時空

要到什麼時候，才能判定量子論的詮釋呢？「或許，要等到我們能夠利用超弦理論等理論，在比現在的量子力學更深的層次，了解我們存在的時間與空間是什麼，才能得到判定哪個詮釋正確的提示吧！」（和田博士）。

Q9 愛因斯坦聽到多世界詮釋時會做什麼樣的評價？

註：針對疑問（Q）之解答（A）以粗字表示。

學生：愛因斯坦並不是批判量子論本身吧？

博士：愛因斯坦提出了光量子假說等理論，對於量子論的建構有極大貢獻。但是他對量子論的完備性，終其一生抱持著疑問。這個疑問主要是針對波耳及其哥本哈根詮釋。在當時，是把量子論和哥本哈根詮釋視為一體。

學生：愛因斯坦無法接受哥本哈根詮釋的哪個部分呢？

博士：他對哥本哈根詮釋的主要支柱之一「機率詮釋」，提出了「上帝不會擲骰子」的批判；對另一個支柱「波的塌縮」，則提出「你真的相信月球只有當你在看它的時候才存在嗎？」的諷刺（參照第129頁）。因為「波的塌縮」主張：當人類進行觀測時，才首度確定物體的位置，亦即闡明它的實在性。

儘管有這類概念性的批判，但哥本哈根詮釋在實用上有它的方便性，所以仍然廣被採納。

學生：我聽說，還有一個「EPR悖論」（第74～75頁），愛因斯坦也用它來批判量子論。這個批判是什麼樣的內容呢？

博士：EPR悖論提出的批判是：如果各個電子是個別存在的粒子，那麼它的性質理應依各個電子而各自決定。但量子論卻主張：一個電子的性質無法與位於遠方的另一個電子的性質各自獨立決定（量子纏結）。

學生：那麼，在1955年愛因斯坦去世之後誕生（1957年）的多世界詮釋如何處理這些批判呢？

博士：多世界詮釋並不認為波會塌縮，亦即只選擇了多個可能性中的一個，而是主張全部都會同時進行。在這個狀況下，「纏結」這個性質就發揮了有利的作用。各粒子（以及各物體）的各種狀態會同時進行，但因為它們是纏結著，所以不至於出現它的歷史有內部矛盾的世界。

學生：關於機率詮釋又是如何處理的呢？

博士：依照多世界詮釋的想法，對於機率這個概念也有不同的處理方法。它不是思考一個現象中的哪一個可能性會實現，而是思考當無數個同等的現象發生時，各個可能性會分別以多少比例實現。它認為任何可能性都會以某個比例實現，因為沒有狀態「被選擇」這個程序，所以即使認為電子從觀測之前已經實在，也不會有所矛盾。

學生：這些想法可以說是很接近愛因斯坦的想法吧？

博士：多世界詮釋的主張是，把實在的東西，不論有沒有進行觀測，都忠實地表現出來。就這個意義而言，簡直就是愛因斯坦所期待的理論沒錯。

不過，多世界詮釋主張是：並非各個粒子具有獨自的實在性。真正實在的是，全世界所有粒子的糾纏狀態。所以，這個構想和愛因斯坦提出EPR悖論時的想法正好相反。

學生：那麼，如果愛因斯坦知道多世界詮釋的話，會接受它的想法嗎？

博士：當然我們並不會知道這件事，不過，如果把愛因斯坦認為「量子論是正確的」以及「物理的根本理論應該要表現出實在的東西狀態」的信念綜合起來，或許也可以得出「量子論的多世界詮釋幾乎是必然的結論」這樣的看法。

根據多世界詮釋的主張，必須捨棄愛因斯坦所抱持的古典力學性之實在的概念，但既然新的理論已經登場了，即使對於「實在是什麼」這個疑問的解答並不相同，愛因斯坦或許也會接受吧！

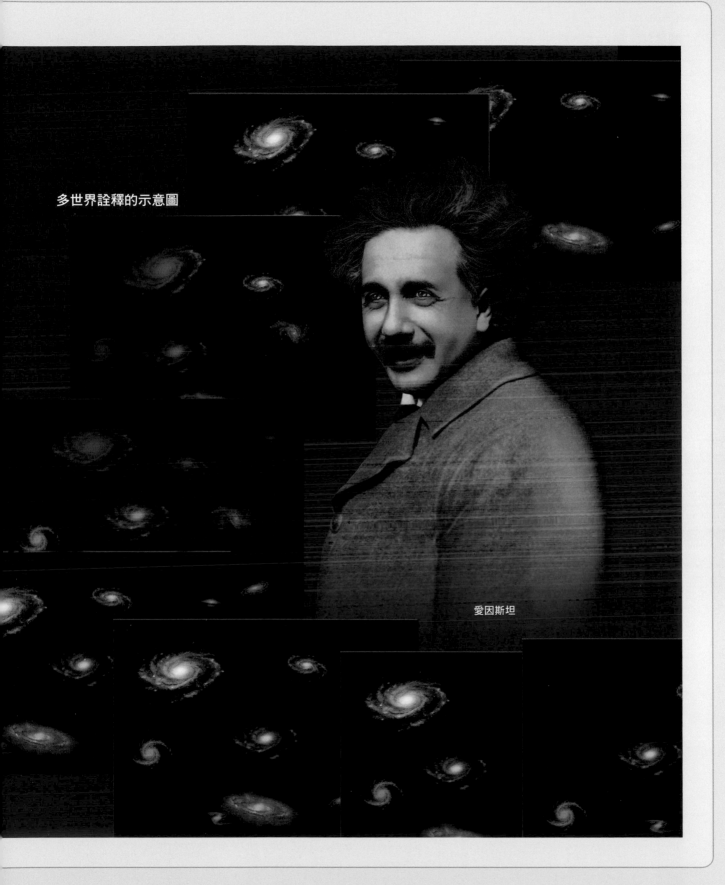

多世界詮釋的示意圖

愛因斯坦

全面了解

量子電腦

實現超高速運算的
革命性電腦的機制是什麼？

電子等微觀物質，能夠同時採取多個狀態，例如「向右旋轉的同時，也在向左旋轉」之類的。量子電腦就是企圖利用這種「疊合」狀態，達到同時進行多個運算。

我們期待，量子電腦如果實現的話，能夠以凌駕現有電腦的運算速度，解決各式各樣的問題。因此，IBM及Google等世界級企業紛紛積極投入量子電腦的開發。

從這裡開始，將對「量子電腦」的基本機制、應用例子、未來的課題等等做詳細的介紹。

協助：武田俊太郎 日本東京大學研究所工學系研究科特任講師

同時處理「0」和「1」

量子電腦使用能夠同時處理「0」和「1」的特殊「量子位元」來進行運算。藉此，原本使用現有電腦必須耗費龐大時間的運算，將能夠在短時間內處理完畢。目前，正在開發利用光及超導迴路等許多種方式的量子電腦。

使用「量子開關」打開金庫的鎖！

　　金庫上安裝著10個開關。只有當開關上下樣式全部正確時，才能解鎖打開金庫的門。開關的樣式從10個都朝下到10個都朝上，總共有1024個（$=2^{10}$），其中只有一個是正確的。

　　假設你忘了密碼，想要打開金庫時，只能將1024個樣式逐一嘗試。運氣好的話，或許試第1個就能打開了。相反地，運氣不好的話，必須試到第1024個才能打開。

　　把1024個樣式依序一個一個嘗試，直到打開為止，恐怕要花上很長的時間。有沒有效率更高，能夠找出正確樣式的方法呢？

同時朝上又朝下的神奇開關

　　現在來想像一種「能夠同時朝上又朝下」的神奇開關，暫且把它命名為「量子開關」。利用這種開關，不必逐一嘗試過所有樣式，就能打開金庫的門。

　　假設10個開關全部都是量子開關。這個時候，10個量子開關同時採取了包括1個正確樣式和1023個錯誤樣式的全部1024個樣式。慢慢地旋轉把手看看，量子開關就會產生變化。起初「均等地」朝上和朝下的各個開關，逐漸地「偏向」朝上或朝下。而當把手轉到最後時，會清楚地朝上或朝下。得到正確的樣式後，金庫的門就打開了！

利用「疊合」同時進行多個運算

　　看起來好像很奇妙的事情，就是在比喻「量子電腦」比現有電腦更快速進行運算的機制。所謂的量子電腦，是指利用電子等微觀物質，同時採取多個狀態「疊合」的現象，來進行運算的一種特殊電腦。同時朝上又朝下的量子開關，就是對應於這個「疊合」。

如何打開金庫的門？

　　有一種金庫，必須10個開關的上下全部正確才能打開庫門。假設開關向下以「0」表示，向上以「1」表示，則10個開關的上下可以用10個位數的0和1排列成「0101100111」（下上下上上下下上上上）這樣的形式來表現。開關上下的樣式從「0000000000」到「1111111111」，總共有1024（2^{10}）種。

　　「量子開關」能夠同時朝上又朝下，也就是能夠同時採取0和1這兩個值。如果連結10個量子開關，則理論上，全部的1024種樣式能夠同時表現出來。

金庫

開關
（朝上或朝下）

10個開關能夠採取的上下樣式（全部共1024種）

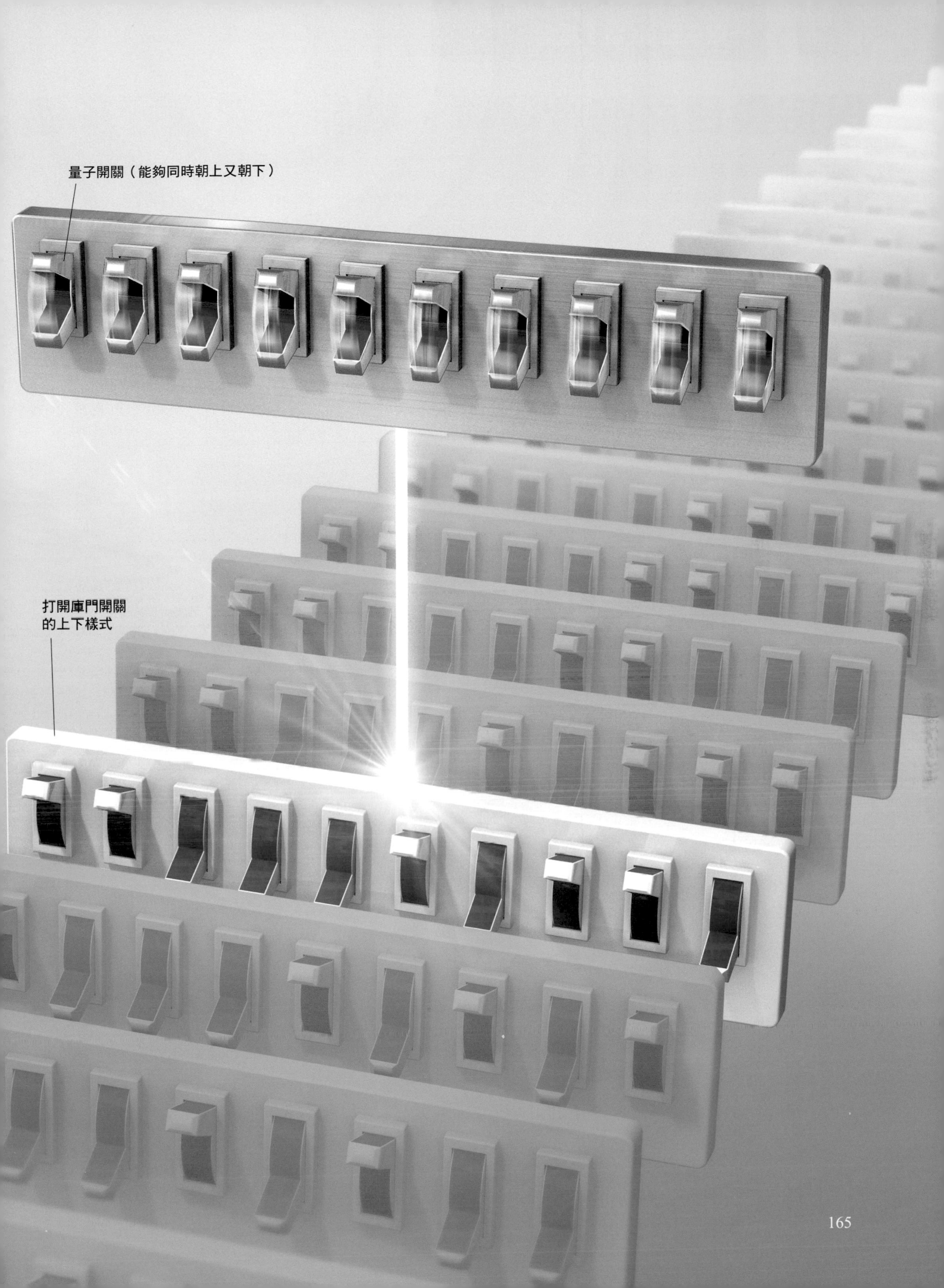

量子開關（能夠同時朝上又朝下）

打開庫門開關
的上下樣式

保持疊合而進行運算，就能一次進行多個

　　從小小的手機到巨大的超級電腦，電腦的基本處理機制大同小異，就是把「0」和「1」依循一定的規則逐一加以處理。

　　在電腦中，無論是數字、文字、圖像和聲音，所有的資訊都是以 0 和 1 來表現。例如，「N」這個文字使用 0 和 1 記成「1001110」的形式。0 和 1 是電腦內部資訊的最小單位，稱為「位元」（bit）。由於「N」總共用 7 個 0 和 1 來表現，因此可以說，在電腦內部，使用 7 位元來表現「N」。

　　電腦是把 0 和 1 對應於電訊號的有和無（電訊號無＝0，有＝1）。位元的資訊（0 或 1）存放在稱為「記憶體」的裝置中。電腦把記憶體中的位元資訊，以高速（1 秒鐘好幾億次！）改寫，藉以進行各種運算、把文字和動畫顯現在畫面上等等的處理（下方插圖）。

同時表示「0」和「1」的量子位元

　　量子電腦也是把位元逐一處理以便進行運算等，就這點而言，和一般電腦並無不同。

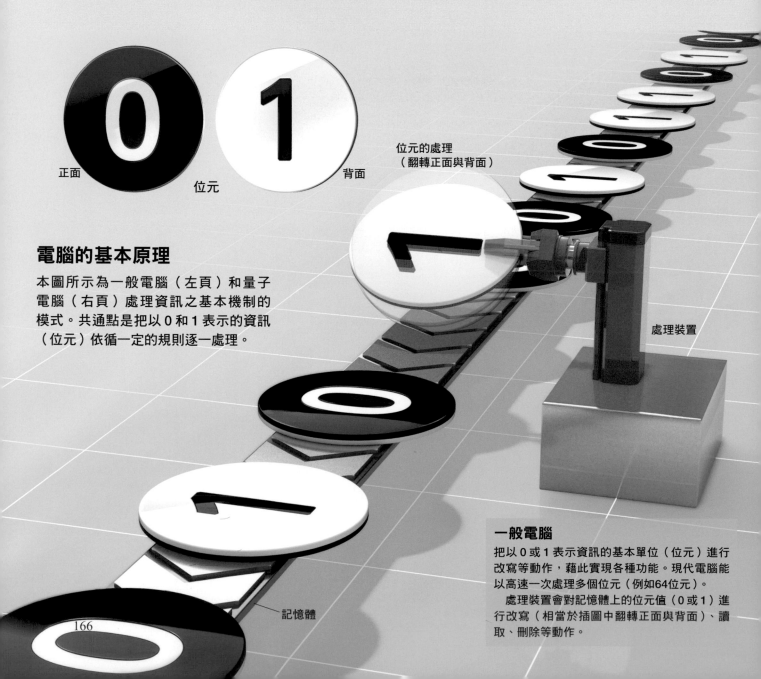

正面　　位元　　背面

位元的處理
（翻轉正面與背面）

處理裝置

電腦的基本原理

本圖所示為一般電腦（左頁）和量子電腦（右頁）處理資訊之基本機制的模式。共通點是把以 0 和 1 表示的資訊（位元）依循一定的規則逐一處理。

一般電腦

把以 0 或 1 表示資訊的基本單位（位元）進行改寫等動作，藉此實現各種功能。現代電腦能以高速一次處理多個位元（例如 64 位元）。

　　處理裝置會對記憶體上的位元值（0 或 1）進行改寫（相當於插圖中翻轉正面與背面）、讀取、刪除等動作。

記憶體

運算

不過，量子電腦則把位元改為「量子位元」（quantum bit=qubit），這是能同時表示0和1這兩種值的特殊位元（下方插圖）。因為「觀測」量子位元，會破壞0和1的疊合狀態，就會如同一般位元一樣地確定是0或1。

一般的位元，如果有10個位元，則從「0000000000」到「1111111111」，總共能表現出1024（2^{10}）個0和1的樣式。但是，一般位元一次能夠表現的樣式（資訊），就像「0110110001」這樣，頂多只有其中的一種而已。

另一方面，量子位元能夠同時表示0和1，所以如果有10個量子位元，便能藉由疊合，同時表現1024個樣式。如果維持著疊合狀態進行運算，便能一次對全部的1024個樣式進行運算。例如，以量子位元表示1～1024的數，想要把它們乘上某個數的時候，不必計算1024次，只要計算1次就行了。這正是量子電腦能夠比一般電腦更高速運算的原因之一。

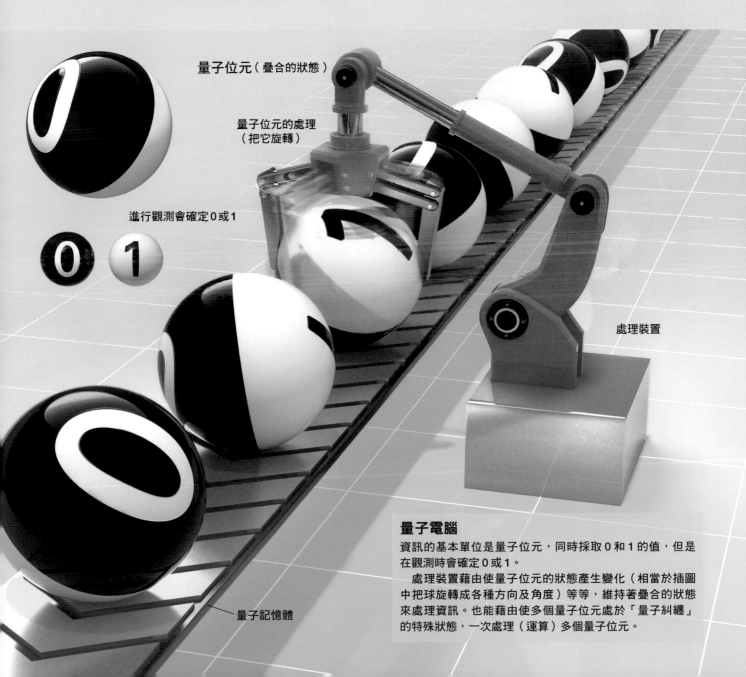

量子位元（疊合的狀態）

量子位元的處理
（把它旋轉）

進行觀測會確定0或1

0 1

處理裝置

量子記憶體

量子電腦
資訊的基本單位是量子位元，同時採取0和1的值，但是在觀測時會確定0或1。
處理裝置藉由使量子位元的狀態產生變化（相當於插圖中把球旋轉成各種方向及角度）等等，維持著疊合的狀態來處理資訊。也能藉由使多個量子位元處於「量子糾纏」的特殊狀態，一次處理（運算）多個量子位元。

只要能成為疊合狀態，任何東西皆可做為量子位元

在一般的電腦中，位元資訊（0或1）是以電訊號的有或無來表現，而且大多數時，是記錄在半導體製成的記憶體裡。半導體可依條件而導電或不導電，所以很適合做為以電訊號表現0和1的電腦材料。

量子電腦的量子位元必須同時表現0和1，所以必須使用能成為疊合狀態的東西。原子等微觀物質原本就能成為疊合狀態，所以有很多種微觀物質可以做為量子位元使用。

以容易設計迴路的超導方式為主流

因為「光子的偏振」（下方插圖1）能造成疊合狀態，所以「偏振」（polarization）是可直接當作量子位元使用的微觀物理性質之一。光子（圖中的黃色球體）是光的基本粒子（最小單位）。光子雖然是「粒子」，但也具有「波」的性質，光波的電場一直在振動。所謂「偏振」，是指電場保持沿特定方向振動的現象。以插圖1為例，白色細直線表示偏振的光波由左向右傳播，上、下兩圖的藍色雙向箭頭表示光波電場沿水平、鉛直方向振動，紅色曲線顯示電場大小的起落。藉著使水平振動的狀態對應於0，鉛直振動的狀態對應於1，即可用來表現0和1。這兩種偏振方向的光波（光子）可以疊

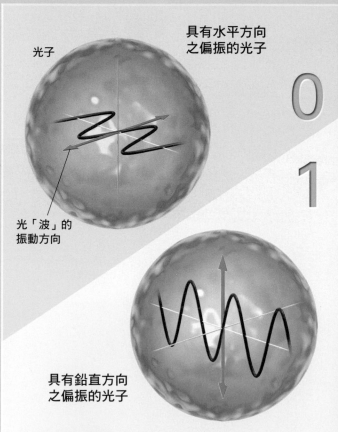

光子

具有水平方向之偏振的光子

光「波」的振動方向

具有鉛直方向之偏振的光子

0

1

1. 光子的偏振

使光子的偏振方向對應於0和1。光子具有容易維持（不容易破壞）疊合狀態的特徵。此外，有一個和其他量子位元差異很大的特點，就是它始終以光速（每秒約30萬公里）在移動。讓光子在特殊的鏡子及測定器構成的迴路上移動，藉由使它和其他光子相遇等而進行運算。

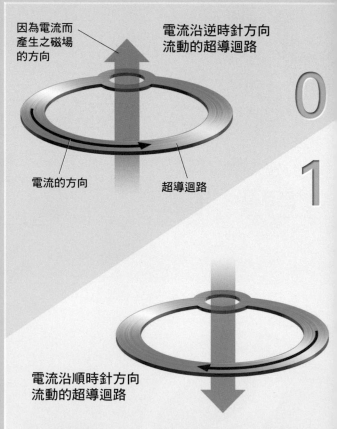

因為電流而產生之磁場的方向

電流沿逆時針方向流動的超導迴路

電流的方向

超導迴路

電流沿順時針方向流動的超導迴路

0

1

2. 超導迴路

使在冷卻到極低溫而失去電阻的特殊迴路（超導迴路）中流動的電流方向對應於0和1。能夠維持疊合狀態的時間很短，但已經累積了很多用來做為量子位元使用的技術，所以許多企業和研究者採用這種方式。也有人是把電流方向以外的資訊對應於0和1。

合成一般的光波，所以，光子的偏振可以形成0和1的疊合，也就能夠利用它來做為量子位元。

除了直接利用光子等等之外，也有製造人工裝置再加以利用的方法。代表性的例子就是「超導迴路」（插圖2）。所謂的超導是指特定物質在冷卻到極低溫時，電阻（電流流動的困難度）會變成零的現象。因為沒有電阻，在超導狀態的迴路內流動的電流不會因為阻力而衰減，能夠一直不斷地在迴路內流動。例如，使超導迴路裡的電流為沿逆時針方向流動的狀態對應於0，沿順時針方向流動的狀態對應於1。由於超導迴路能同時採取0和1這兩種狀態，所以能用來做為量子位元。

除此之外，還有利用鈣離子等方法（插圖3）、利用封閉在稱為「量子點」（quantum dot＝QD）的特殊微細構造裡面的電子自旋（相當於粒子自轉之轉速的量）的方法（插圖4），不一而足。現在，基於迴路的配置比較自由、比較容易小型化等理由，似乎全世界的量子電腦大多採用超導迴路的方式。不過，「任何方式都有其優缺點，所以目前仍然沒有哪一種方式占有絕對的優勢。」鑽研量子電腦的日本東京大學武田俊太郎特任講師說明。

量子位元的主要方式

下圖所示為目前利用的量子位元的主要方式。除了這些之外，還有利用原子核的自旋的方式、利用物質的「拓撲」性質等方式，種類繁多。

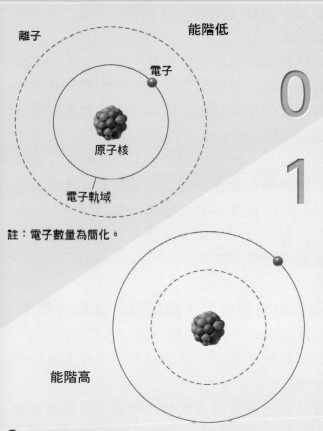

3. 離子的能量狀態
使鈣離子等能量狀態的高低（能階）對應0和1。利用靜電力使離子在真空中浮起，再照射雷射光，使它的能量狀態產生變化，藉此進行運算。疊合狀態比較穩定而且能夠維持長久是它的強項，但弱點是處理上比較耗費時間（處理較慢）。

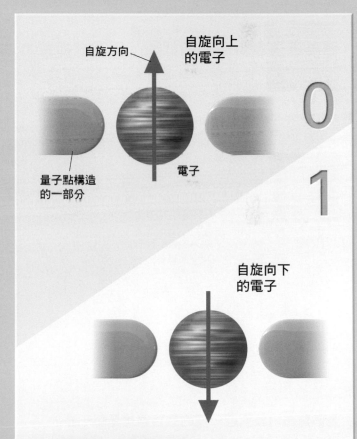

4. 電子的自旋（量子點）
使封閉在由矽等元素構成的構造「量子點」中的電子自旋方向對應於0和1。所謂的自旋，是電子等粒子具有自轉的轉速等性質。照射電磁波，可以使自旋的方向產生變化。疊合狀態比較穩定，但必須冷卻到極低溫。

必須從眾多的運算結果挑揀出「正確答案」

量子位元能成為疊合狀態，但在非疊合狀態下也能夠做為一般位元使用。也就是，量子電腦可以說是在一般電腦上追加了疊合這項「特殊能力」的東西。因此，武田特任講師表示，在一次能夠處理的位元數，及處理位元的速度等條件相同的情況下，進行相同的運算，則理論上量子電腦能以一般電腦以上的速度（同等或更快）處理運算作業。不過，量子電腦還在研究開發的途中，尚未達到真正實用化的階段（邁向實用化的課題將在第172頁介紹）。基本上，目前最小規模的量子電腦處理運算的速度還比不上一般電腦。

越是選項變得龐大的問題，越能發揮實力

已知量子電腦對於某些問題特別能夠發揮它的實力，亦即它有所謂的擅長領域。其中之一

是「組合最適化問題」。例如，一個銷售員前往許多顧客處分別拜訪一次，然後回到原地，求其最短路線的「巡迴銷售員問題」，就是相當具有代表性的例子（左下方插圖）。

當銷售員拜訪的對象不多時，只要比較所有的路線，就能夠簡單地找出答案。但是，隨著拜訪的對象越來越多，路線的數量就會爆炸性增加。例如，只拜訪3個地方時，可能採取的路線只有6條。但是，如果拜訪的對象增加到10個，則路線的選項爆增到360萬個以上；如果有30個對象，則路線增加到$3×10^{32}$條左右。這麼一來，即使利用現在最高速的超級電腦，也要花上好幾億年的時間才能把全部的模式都比較完成。

對於這類因為組合的數量太多，以至於必須耗費難以估計的時間進行運算的問題，量子電腦特別能夠發揮威力。因為它能利用量子位元的疊合，同時對多個樣式進行運算。

除此之外，想要模擬原子及分子等的行為來進行調查時，也很期待量子電腦能發揮實力。原子及分子會成為疊合狀態，但若使用同樣能夠成為疊合狀態的量子位元，將可比一般電腦更有效率地進行模擬。

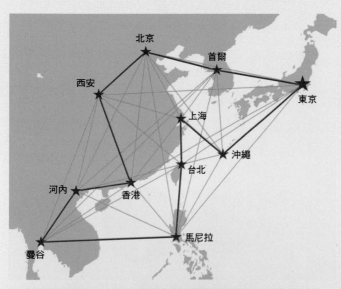

全部拜訪對象巡迴一圈的最短路線是哪一條？

如上方地圖所示，一個位於東京的銷售員，想要去10個都市（東京除外）全部拜訪一次，並且不經由相同路線回到東京。距離最短的路線是哪一條呢？這個問題稱為「巡迴銷售員問題」。在上面的例子中，拜訪對象有10個地方，所以可能採取的路線大約363萬（＝10×9×8×7×6×5×4×3×2×1）條。在上方的地圖中，只顯示出部分路線。

想得到希望的答案，訣竅在於運算的順序

想要運用量子電腦的疊合這個「特殊能力」，訣竅就在於需要和一般電腦不一樣的運算順序（演算法）。

量子位元處於疊合狀態的時候，是兼具0和1這兩者，但如果進行「觀測」，就會確定是0或1。這個時候，我們雖然能夠求得0和1各自被觀測到的機率，例如「0被觀測到的機率是80％，1被觀測到的機率是20％」之類的，但是，最後究竟是哪一個會被觀測到，則完全

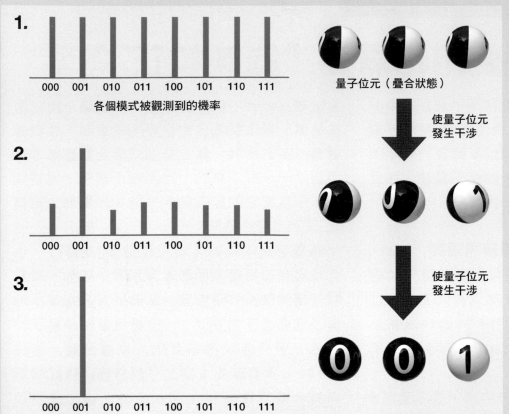

1.

000　001　010　011　100　101　110　111

各個模式被觀測到的機率

量子位元（疊合狀態）

2.

000　001　010　011　100　101　110　111

使量子位元
發生干涉

3.

000　001　010　011　100　101　110　111

使量子位元
發生干涉

0　0　1

量子演算法的概念

本圖所示為利用量子演算法，得到希望答案（例如，最短距離的路線）的流程模式圖。

　假設在量子電腦中，三個量子位元處於疊合狀態，同時呈現了「000」～「111」共8種模式。在初期狀態（1），每種模式被觀測到的可能性都均等。圖中棒子的長度表示各個模式被觀測到的機率。

　假設「001」為最符合條件（距離最短）的模式。維持量子位元的疊合狀態，在特定條件下，使量子位元彼此發生干涉（交互作用），則能使唯有特定模式被觀測到的機率提高，其他模式則不會被觀測到（2～3）。結果，便能夠只觀測到符合條件的模式。

無法預知。

　如果利用量子電腦來求取答案（運算結果），最後必須觀測量子位元，以便確定是0或1。這意味著，雖然使用疊合狀態的量子位元同時運算（進行平行處理）了許多個模式，但最後得到的運算結果只有一個，並不是得到所有模式的運算結果。

　此外，各量子位元一直到觀測時為止，都無法得知它在觀測時會成為0或1的哪一個，所以如果不採取特別的手法，就會偶然地（機率性地）從並行進行的眾多運算之中得到一個運算結果。雖然能夠同時進行大量的運算，最後卻是偶然地得到其中一個結果，這樣的電腦並沒有什麼功用。因此，量子電腦必須利用特殊的手法，從進行平行運算所得到的許多運算結果之中，挑揀出想要求得的運算結果。這個方法就是運用量子電腦時所需的演算法，稱為「量子演算法」。

不斷地精準化以便留下想要的運算結果

　上圖所示，即為量子演算法的概念。例如，想像一下，使用3個量子位元，同時進行總共8（2^3）個模式的運算。假設各個模式對應於巡迴銷售員問題的路線，而希望從其中求出距離最短的模式。

　最初，8個模式被觀測到的機率都是相同的狀態。如果在這個階段進行觀測，則哪一個模式會被觀測到，全憑運氣。因此，必須維持著疊合狀態，進行多次的「距離越短則被觀測到的機率越提高的處理」。藉此把疊合的模式做了篩選之後再進行觀測，便可達到只有距離最短的模式會被觀測到，從而獲得想要的答案。

　想要使用量子電腦有效率地解決問題，必須因應問題的種類選擇適當的量子演算法。也就是說，還沒有找到合適的量子演算法的那類問題，將會無法有效率地解決。還有，量子電腦的優點是能以比一般電腦更少的運算次數，有效率地（以較短時間）解決問題，所以，如果是一般電腦在原理上無法解決的問題，量子電腦也是無法解決。

量子電腦的實用化需要「錯誤校正」

現今，在量子電腦的開發競爭中走在前頭的是美國的IBM和Google等大型電腦・資訊技術相關企業。例如，IBM於2017年開發了具有16個超導迴路方式之量子位元的量子電腦，並且開放給該公司以外的研究者也能運用。

量子位元的數量沒有那麼容易增加

IBM和Google的下一個目標是開發出50個量子位元左右的量子電腦。如果有50個量子位元，理論上能夠藉由疊合進行2^{50}（約1126兆）個平行處理，在特定的運算中，有可能超越現有的超級電腦的處理能力。

如果能實現10個量子位元的話，是不是把5組連結在一起，馬上就能創造出50個量子位元呢？武田特任講師表示，其實想要增加量子位元並沒有那麼容易。「以超導迴路方式來說，一片基板上排列的迴路及連接它們的配線的數量一旦增加，則訊號容易發生干涉，疊合狀態容易破壞。此外，超導迴路是人造物品，所以嚴格來看，無法製造出完全相同的東西，性質總會有些微的差異，這也是造成疊合狀態破壞的原因之一。並不是說，因為在小規模上獲得成功，所以把它的技術延伸就能夠輕易地大規模化」（武田特任講師）。

超導迴路以外的方式（參照第168頁），也同樣因為各種理由而難以增加量子位元。武田特任講師等人的研究室，正在開發利用光子的量子電腦（下方照片）。這種用來做為量子位元的光子只能以機率產生，也就是說，並沒有100%確實產生1個光子的技術，所以很難同時收集到許多個光子。此外，增加光子而進行的運算越複雜，則光子行進的迴路也會越複雜，導致裝置更加大型化，這也是一個大課題。

電腦不會運算錯誤的理由

利用複雜的光路徑進行運算

右邊的照片是利用光子的量子電腦的實驗裝置。（提供：日本東京大學研究所工學系研究科古澤研究室）做為量子位元的光子，在由許多特殊鏡片（半透鏡）及測定器等裝置所構成的路徑上，來回穿梭，藉由光子彼此之間發生交互作用（干涉）而進行運算。

通常，電腦的運算不會出錯。那是因為電腦裡面隱藏著一個「錯誤校正」的機制。

在電腦裡面，與0和1對應的電訊號高速地來回行進。這個時候，如果由於某種原因使得電訊號變強或變弱，便有可能發生傳錯訊號、重複傳送等錯誤，導致原本應該是0卻變成1，或原本應該是1卻變0。發生錯誤的時候，把它偵測出來並加以校正的機制，就是「錯誤校正」。

假設以1個「0」的訊號（1個位元）來傳送「0」這個資訊。在這個狀況下，即使「0」由於某個原因而錯傳成「1」，也無法確認它是正確或錯誤。因此，把3個訊號編成一組（000）來傳送「0」。這麼一來，即使第三個0發生錯誤而傳成1，變成了（001），也能夠依照多數決，得知第三個的1是錯誤，而校正為原來的值（000）（參照右方插圖）。成組傳送訊號的個數越多，校正錯誤的能力越強。

錯誤校正的機制尚未具備

量子電腦也需要錯誤校正的機制，才能成為值得信賴的工具。不過，量子電腦沒有辦法直接沿用一般電腦的錯誤校正機制。因為如果進行觀測，會破壞量子位元的疊合狀態。因此，既不能觀測量子位元而複製它的資訊，也不能在中途進行觀測以便確定它是否發生錯誤。此外，量子位元所產生的錯誤，並非單純的0或1的錯誤。在第167頁，以黑白球來表現量子位元，這種球的傾斜度和角度的偏差，即相當於量子位元所產生的錯誤。必須把它們全部校正才行。

因此，量子位元的錯誤校正，要利用「量子糾纏」這個現象（關於量子糾纏，詳見第156頁、第180頁）。處於量子糾纏狀態的多個量子位元，保持著特殊的關係性。我們已經知道，利用這個關係，除了「做為訊號載體的量子位元」之外，再加上處於量子糾纏狀態的「備位

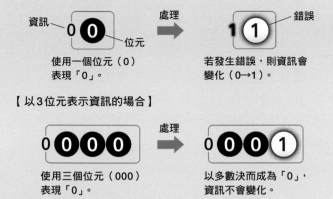

【以1位元表示資訊的場合】

資訊　　　　　　　　　　　　處理　　　　　　　　　　錯誤

使用一個位元（0）　　　　　　　　若發生錯誤，則資訊會
表現「0」。　　　　　　　　　　　變化（0→1）。

【以3位元表示資訊的場合】

　　　　　　　　　　　　處理

使用三個位元（000）　　　　　　以多數決而成為「0」，
表現「0」。　　　　　　　　　　　資訊不會變化。

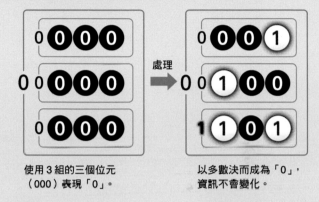

【以9（＝3×3）位元表示資訊的場合】

　　　　　　　　　　　　處理

使用3組的三個位元　　　　　　　以多數決而成為「0」，
（000）表現「0」。　　　　　　　資訊不會變化。

想要偵測出錯誤並加以校正，需要許多個位元
本圖所示為電腦校正錯誤的機制。在電腦內，處理位元資訊的過程中，必然會以一定的機率發生錯誤。插圖左側為處理前，右側為處理後的資訊。用於表現「0」這個資訊的位元數比較多的話，即使處理前後發生錯誤，「0」這個資訊本身也比較不容易產生變化（不易錯誤）。

這是採取單純的方式校正錯誤的例子。實際上，會採取追加確認用的訊號等方法，組合成更複雜的機制，來進行錯誤的校正。

量子位元」，就能在不破壞疊合狀態的情況下，偵測是否發生錯誤，並加以校正。

雖然方法和一般電腦不一樣，但若要實施錯誤校正，仍然需要許多的量子位元。「目前，量子電腦的量子位元的數量很少，還沒有達到能夠一邊導入錯誤校正的機制一邊進行運算的階段」（武田特任講師）。如果想要具備錯誤校正的機制，進行具有可信度的運算，則增加量子位元的數量將是非常重要的課題。

除了電腦本體的進化，也期待「使用方

具備錯誤校正等機制的實用性量子電腦，需要至少10萬個以上的量子位元，所以它的實現似乎還要等上幾十年之久。不過，近年來「量子電腦開發成功」的消息卻時有所聞。這又是怎麼回事呢？

2011年，加拿大的D-Wave System公司宣布開發量子電腦成功。實際上，D-Wave公司開發的是一種稱為「量子退火裝置」的電腦。量子退火裝置是為了解決組合最適化問題（第170頁）而特殊化的機種，和先前介紹的量子電腦並不相同。

量子電腦的基本原理是英國物理學家多伊奇於1985年提出的構想，當時所構思的量子電腦，為了與量子退火裝置（退火型）有所區別，有時會把它稱為「泛用型量子電腦」或「閘門型量子電腦」。「量子退火裝置可以說是把閘門型量子電腦的功能加以限制的機種。如果在量子退火裝置上追加各種功能，則儘管運作的機制稍微不同，但實質上應該會和泛用型

量子電腦具備同等的功能」（武田特任講師）。

量子退火裝置是把冷卻到極低溫的超導迴路做為量子位元使用。D-Wave公司的2017年模型裝置「D-Wave 2000Q」達到2000個量子位元。量子退火裝置的運作原理基本理論，是日本東京工業大學西森秀稔教授等人所提出來的構想。

日本研發的量子電腦實現了嗎？

2017年11月，日本內閣府（日本內閣總理大臣的幕僚機關）的革新性研究開發推進計畫研究團隊宣布，開發出一種稱為「量子神經網路」（QNN）的新型態電腦。量子神經網路和量子退火裝置一樣，也是為了解決組合最適化問題而特殊化的電腦。

不過，雖然電腦的名稱加上了「量子」，但嚴格來說，並沒有利用量子位元（疊合）來做運算。因此，在研究者之間主要的看法並不是把它歸類為量子電腦，而只是一般的電腦。

泛用型或特化型？
在此彙整一般的量子電腦（泛用型量子電腦）和量子退火裝置的特徵。在功能上，泛用型量子電腦包含了量子退火裝置的功能。

泛用型量子電腦
一般而言，說到量子電腦，都是指能夠做泛用性運算的機種，而其典型的機種就是藉由反覆進行運算（演算）來處理量子位元的「閘門型」，稱為「量子閘門」。未來，只要設計出各式各樣的量子演算法，就能和我們現在使用的電腦一樣地實現各式各樣的功能，而成為泛用型電腦。左下方的照片就是IBM正在開發的超導迴路型量子電腦（從冷凍機拿出來的狀態）。

量子退火裝置
用於解決組合最適化問題的特化型量子電腦。雖然功能有所限制，但因為容易維持量子位元的疊合狀態，也容易增加量子位元的數量，所以將會比閘門型更快實用化。右邊照片為D-Wave公司所開發的量子退火裝置。

法」的發明

未來的智慧型手機也會搭載量子電腦嗎？

現在廣為普及的電腦，最初也是處理速度很慢，整個裝置又非常龐大。但是，隨著迴路的小型化，處理速度不斷地提高，而且價格逐漸降低，時至今日終於爆炸性地普及開來，這是眾所周知的事情。未來，如果能製造出小型且價廉的量子電腦，會不會取代現在的電腦呢？

「我並不認為有必要把利用疊合的運算運用在我們日常生活中，現在的高性能超級電腦也只限於特殊的用途，所以量子電腦恐怕也會限制於某些特殊的用途上」武田特任講師預估。

找出新的量子演算法

如果想要發揮量子電腦的能力，就需要搭配量子演算法。1985年提出量子電腦的基本原理時，還沒有發現能夠發揮其能力的演算法。到了1994年，終於有了能夠活用量子電腦強項的實用性量子演算法，那就是美國數學家秀爾（Peter Shor，1959～）發現的「秀爾演算法」。

秀爾演算法是利用量子電腦有效率地進行因數分解的演算法。在位數越來越多之後，因數分解所耗費的運算時間非常驚人。但若使用秀爾演算法，便能夠大幅縮短運算時間。例如，要把幾百個位數的數做因數分解時，如果使用現在的超級電腦，所需的運算時間是以年為單位，但若使用量子電腦搭配秀爾演算法，則理論上可能只需要幾分鐘就完成運算了。

事實上，在現在網際網路的密碼通訊上，因數分解扮演著極為重要的角色。簡單來說，就是利用把大的數做因數分解的困難性，來保持解讀密碼的困難度。如果使用量子電腦，短時間內就能完成因數分解，這將使密碼通訊的安全性備受考驗。話雖如此，由於量子電腦尚未實用化，所以密碼通訊並非馬上就不能使用。

截至目前為止，至少有60種左右的量子演算法被提出來，也有人設立了把它們彙整在一起的網站※。「有一些演算法還不是很清楚能夠運用在什麼地方，但也有一些演算法能夠運用在相當廣泛的範圍，例如組合最適化問題之類的」（武田特任講師）。武田特任講師表示，每一種演算法都像是只有天才的腦袋才能想得出來的奇招。發現新的量子演算法，亦即量子電腦的新使用方式，將是未來的重要課題之一。

在現階段，已經實現的量子位元的數量還很少，但實際上，已經逐漸能夠製造、利用量子電腦了。我們已經來到了能夠使用實際的儀器，驗證量子電腦的應用之道及其方法的時代。邁向真正實用化的研究開發也正如火如荼地進行著。　　　　　　　　　　　　　　　🪐

使用量子位元之絕對安全的「量子密碼」

由於量子電腦的出現，極有可能對現在的密碼通訊的安全性產生威脅。事實上，我們已經知道，使用量子位元可以做到絕對安全的（不會洩漏而被盜取）密碼通訊，那就是「量子密碼」。就原理而言，就算使用量子電腦也無法破解量子密碼。

密碼通訊的關鍵點，在於解讀密碼的鑰匙（密鑰）如何在資訊的傳送者和接收者之間安全地傳送，而不會讓第三者獲知。按照傳統的通訊方法，想要傳送密鑰而絕對不讓第三者獲知，是不可能的事情。但是，如果使用也被拿來做為量子電腦之量子位元的「光子偏振」，就有可能做到這一點。因為，如果把1個光子的偏振做為密鑰使用，則第三者（盜取者）想要測定這個光子而完全取得偏振的資訊，在原理上是不可能的。此外，量子位元也具有無法完全複製資訊（量子資訊）的性質。也就是說，即使密鑰的1個光子在通訊中途被第三者盜取，也無法把它完全複製（打造備用鑰匙），然後在發訊者和收訊者不知情的狀況下，偷偷地把它恢復原狀。亦即，在中途被盜取的事件一定會曝光。

使用光子之量子密碼的機制，是在1984年提出的構想。目前還在實驗階段，不過，使用量子密碼的通訊已經成功了。

※：Quantum Algorithm Zoo（量子演算法「動物園」）
→ https://quantumalgorithmzoo.org/

量子遙傳

能夠「傳送」到距離遙遠的地方！？
探究夢幻般技術的機制

把物質傳送到距離遙遠之場所的「遙傳」，是科幻小說中常見的技術。事實上，運用微觀世界的物理學「量子論」，也能實現與此極為相似的事情。那就是利用「量子纏結」這個被視為奇妙的超距作用而達成的「量子遙傳」。現在，量子遙傳這項技術正被運用在通訊技術及量子電腦等領域中。所謂的量子遙傳，究竟是什麼樣的技術呢？它能實現我們在科幻電影中所看到的遠距傳送嗎？

　　從本頁開始，將為你深入淺出地介紹「量子遙傳」的機制及其應用例子。

協助：**小坂英男** 日本橫濱國立大學研究所工學研究院教授・尖端科學高等研究院主任研究員

　　　武田俊太郎 日本東京大學研究所工學系研究科特任講師

能夠把物質傳送到距離遙遠的地方嗎？

藉由運用量子論的「量子遙傳」，極有可能實際地把物質傳送
到距離遙遠的地方。關鍵就在於使愛因斯坦備感困擾的「量子
纏結」此神奇現象。

把貓從地球傳送到月球的方法

西元2XXX年——從地球到月球基地的傳送作業可以藉由「遠距傳送」來進行。21世紀的科幻小說中出現的遠距傳送，是把物質在瞬間移動到遙遠場所的技術，不過，這和西元2XXX年當時的遠距傳送有點不太一樣。

假設現在要使用遠距傳送裝置，從地球上傳送一隻貓給住在月球基地的家庭。以下，我們就來看看要如何進行這項傳送吧！

測定並發送構成貓之物質的全部資訊

在地球這邊，設置「量子測定室」和「量子發送室」等房間。量子發送室以及月球上的「量子接收室」之間，藉由特殊的關係聯結在一起。這種關係就是「量子纏結」（1）。量子發送室和量子接收室裡面都裝有數量充分的物質（原子）。

把貓放入量子測定室，利用稱為「糾纏測定」的特殊技術，測定構成貓之物質的資訊。說起來有點複雜，但是，在測定時，會強制性地在測定室的貓和發送室的原子之間製造出量子纏結的關係。月球上接收室的原子狀態也會與測定連動，而在瞬間發生變化。因為在測定時，構成貓之物質的狀態也發生了變化，所以貓會遭到「破壞」。然後，利用無線電波把測定貓的結果發送到月球。地球到月球的距離大約38萬公里，無線電波需要花1.3秒左右才能抵達（2）。

月球接收室的物質狀態透過量子纏結而發生了變化，不過貓還沒有出現。必須接收到利用無線電波從地球傳來的貓的測定結果，依據裡頭的資訊修正接收室的狀態之後，才會在月球的接收室出現和地球一模一樣的貓（3）。

……以上純屬幻想，不過，令人訝異的是，在理論上確實有可能實現，這個夢想就奠基於「量子遙傳」這項技術上。

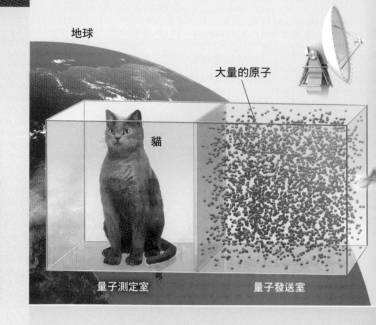

地球

大量的原子

貓

量子測定室　　　　　量子發送室

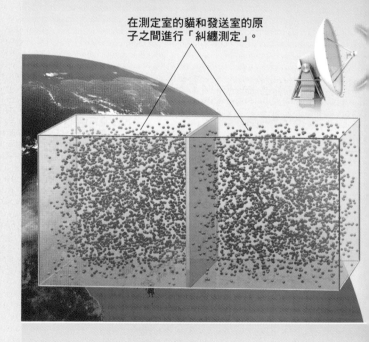

在測定室的貓和發送室的原子之間進行「糾纏測定」。

把貓遠距傳送

本圖所示為把貓從地球傳送（遠距傳送）到月球的方法。利用「量子纏結」和無線電波，發送構成貓之物質的資訊，再利用這些資訊，在月球側「重生」貓，藉此完成傳送。

月球

量子纏結

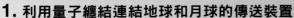

量子接收室

1. 利用量子纏結連結地球和月球的傳送裝置

在地球側設置「量子測定室」和「量子發送室」，在月球側設置與量子發送室之間具有量子纏結這種特殊關係的「量子接收室」。把想要傳送的東西（此處為貓）放入量子測定室。關於量子纏結，將在次頁說明。

傳送測定結果的無線電波

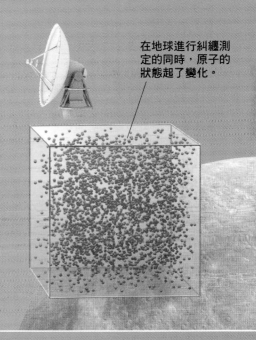

在地球進行糾纏測定的同時，原子的狀態起了變化。

2. 測定貓的狀態，利用無線電波發送測定結果

利用「糾纏測定」這種特殊的方法，測定構成貓的所有物質的資訊。在測定時，月球的量子接收室也會在同一瞬間發生變化。不過，貓還沒有出現在月球。利用無線電波把測定結果從地球發送到月球（有關於傳送測定結果的必要性，將在第189頁說明）。

出現和地球上的貓完全相同的貓

3. 在月球端重生貓

利用地球送來的測定結果，修正量子接收室的狀態，便會出現和地球的貓一模一樣的貓。由於測定會破壞地球上的貓的狀態，所以變成只有月球上有貓。

就連愛因斯坦也不相信的「奇妙的超距作用」

在前頁，介紹了地球和月球的遠距傳送裝置是藉由「量子纏結」這種特殊機制聯結著。因此，在地球上測定貓的狀態時，它的影響會在瞬間傳到距離遙遠的月球上。所謂的「量子纏結」，究竟是怎麼一回事呢？

E・P・R聯名指摘的「悖論」

率先指摘量子纏結存在的人，是創造相對論的物理學家愛因斯坦。愛因斯坦、波多斯基和羅森這三位物理學家，在1935年聯名發表了一篇論文。

他們在論文中設計了一個精巧的思想實驗，以此駁斥後來被稱為量子纏結的「奇妙的超距作用」。雖然和論文所提出的思想實驗不太一樣，但若使用「光子」（光的基本粒子）來說明量子纏結，就會是如以下所述的情形。

光子的偏振（光「波」的振動方向）狀態可以同時採取「水平」和「鉛直」這兩個方向。

兩個光子的「纏結」關係

本圖所示為兩個光子成為「量子纏結狀態」的情景。無論相隔多遠，只要一方的光子被測定了偏振的方向，它的影響會在瞬間傳給另一方的光子，從而確定它的偏振方向。量子纏結可以想成是兩個光子處於一個疊合狀態。

在愛因斯坦等人的論文（EPR悖論）中，不是利用光子的偏振，而是利用光子的位置和動量（速度）來進行討論。此外，最早把這個現象稱為「纏結」（entanglement）的人，是讀了這篇論文的物理學家薛丁格。在國內，量子纏結也常稱為「量子糾纏」等等。

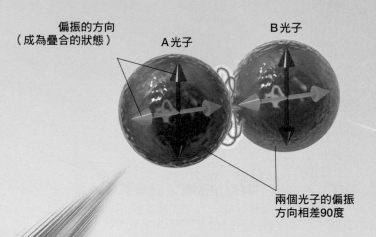

偏振的方向
（成為疊合的狀態）

A光子

B光子

兩個光子的偏振
方向相差90度

量子纏結

這種不可思議的狀態稱為「疊合」。不過，如果進行測定（觀測），就不會再保持著疊合，而會確定偏振的方向是其中的某一個方向。

使用特殊裝置，可創造出一對具有「偏振方向維持疊合的狀態，且彼此的方向相差90度」這種關係的光子。保持著這種關係，把光子對拉開來，使它們離得遠遠的（下方插圖）。在遠離之後，測定其中一個光子的偏振方向，假設它是水平的。這麼一來，在這個瞬間，另一個光子無論相距多遠，都會確定偏振的方向是鉛直的。像這樣的光子對的神奇關係，稱為「量子纏結」。

愛因斯坦等人主張「如果相信量子論是正確的，那麼，就算兩個光子相距好幾億光年遠，測定某個光子的結果也會在瞬間影響另一個光子。這麼一來，就會違反相對論所主張的傳送資訊速度無法超越光速。所以，理應不會發生這種奇妙的事情。也就是說，量子論是錯的！」不過，後來透過實驗證明了「量子纏結」確實會發生。在「纏結著」的兩個光子之間，無論相距有多遠，它的影響都會在瞬時傳送。

如果測定偏振的方向……
光子對 A 和 B，具有偏振的方向相差90度的關係性。如圖所示，不論這兩個光子相距多遠，只要測定其中一個光子的偏振方向，則另一個光子的偏振方向也會同時確定。

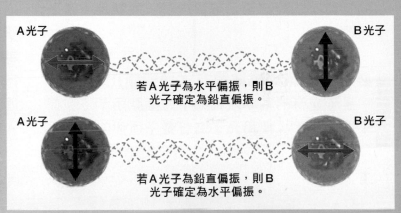

若A光子為水平偏振，則B光子確定為鉛直偏振。

若A光子為鉛直偏振，則B光子確定為水平偏振。

指摘量子纏結的 3 人
右邊的三張照片由左至右依序為愛因斯坦（Einstein）、波多斯基（Podolsky）和羅森（Rosen）。他們在1935年發表了「能認為量子力學對物理實在的描述是完備的嗎？」這篇論文指摘量子纏結的存在，後來便以三個人的姓名而稱這篇論文為EPR悖論。

量子遙傳不能說是物質本身的瞬間移動

不只光子能夠製造量子纏結狀態，現在連電子、原子、離子、原子集團等等，也都能夠「使其產生糾纏」。以第178頁遠距傳送貓這個例子來說，便能夠把構成貓的大量原子製造成量子纏結狀態，藉此在地球和月球之間傳送貓之構成物質的資訊。

把像貓這麼龐大的物質傳送到遙遠的地方，在理論上是有可能的，但是必須先克服各種技術問題，在現實面相當困難（詳見第188頁）。但另一方面，以微觀物質來說，在遠處重現相同物質狀態的技術已經實現了，那就是「量子遙傳」。

必須利用無線電波等方式通知修正的資訊

量子遙傳的基本流程如下方插圖所示。我們來思考一下，使用光子進行量子遙傳的作業。

假設想要利用量子遙傳來傳送的光子為「X光子」。除此之外，另外準備兩個處於量子纏結狀態的光子（A光子和B光子）（1）。

把X光子「撞擊」A光子，強迫使這兩個光子產生量子纏結狀態。接著，測定兩個光子如何地纏結在一起（纏結測定）。因為這樣，X光子和A光子的狀態會發生變化。而原本就和A光子處於量子纏結狀態的B光子，它的狀態也會隨著A光子而在瞬時發生變化（2）。

在這個階段，X光子的資訊以A光子為媒介而傳給B光子的結果並不完整。因此，把X光子和A光子的纏結測定的結果，傳給B光子做為補充資訊，再利用這些資訊修正B光子的狀態。藉此，B光子才會變化成和A光子完全相同的狀態（3）。

總結來說，就是X光子和A光子碰撞，使得

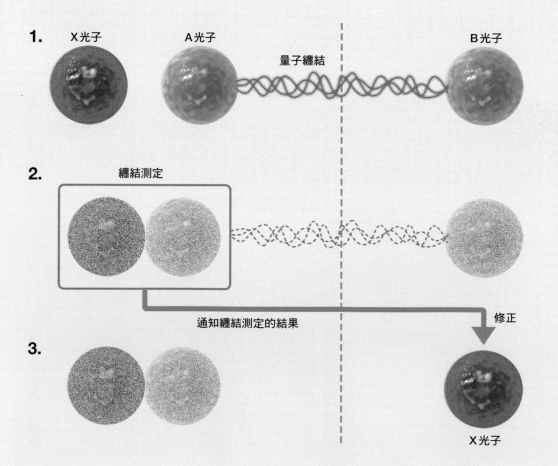

1.　X光子　　　A光子　　　　　　　　　　　　　　　　　B光子
　　　　　　　　　　　量子纏結

2.　　　纏結測定

　　通知纏結測定的結果　　　　　　　　　　　　修正

3.

　　　　　　　　　　　　　　　　　X光子

量子遙傳

本圖所示為使用光子的量子遙傳流程。如果與第178頁貓的遠距傳送對應，則X光子為貓，A光子為量子發送室的原子，B光子為量子接收室的原子。

在這裡是介紹使用光子的例子，但電子、原子、超導迴路等許多種物質也能實現量子遙傳。

利用量子纏結能夠實現量子遙傳，是IBM和加拿大蒙特利爾大學等單位的研究團隊於1993年提出的理論。

位於遠處的 B 光子變成了 X 光子。這就形同 X 光子從 A 光子的地方實質移動到 B 光子的地方，這就是量子遙傳。

鑽研利用量子遙傳之通訊技術的日本橫濱國立大學小坂英男教授表示：「看到這一系列的流程就知道，量子遙傳並不是把物質本身傳送到遙遠的地方，也不是能夠做瞬間移動。在科幻小說中常見的物體能做瞬間移動的遠距傳送，那是另一回事。」

夢幻的超光速通訊仍然不可行

在比較我們所想像的遠距傳送和現實的量子遙傳時，特別不同之處就是不能做到瞬間（沒有時間差）移動。

量子纏結造成的影響，不論相距多遠都能在瞬間傳達。但是，以量子遙傳來說，只要沒有利用無線電波等方法傳送補充資訊，就無法正確地傳送資訊（理由將在第189頁說明）。也就是說，量子遙傳必須利用傳統的通訊手段來傳送通知。

根據相對論，在自然界中，無法比光更快速地移動物質或傳送資訊。而無線電波也是光（電磁波）的一種，所以它是以光速（秒速約30萬公里）在傳送。量子遙傳必須使用無線電波等來傳送通知，所以它只能以低於光速的速度來傳送資訊。因此，和相對論矛盾的超光速通訊依舊不可行。

把光子「分割」而製造纏結的光子對

要進行量子遙傳之前，必須先製造出處於量子纏結狀態的光子對，把它們配送到發送端和接收端。「或許人們會以為，製造量子纏結狀態是非常高度的技術，但其實沒有那麼困難」小坂教授表示。製造量子纏結狀態的方法很多，使光子通過特殊的晶體就是一個具有代表性

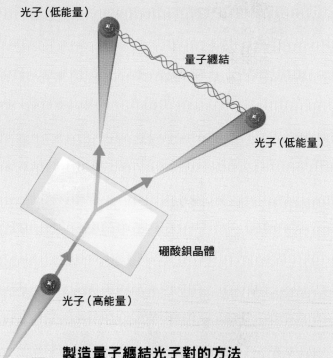

光子（低能量）

量子纏結

光子（低能量）

硼酸鋇晶體

光子（高能量）

製造量子纏結光子對的方法
如上所示，使具有高能量的光子通過硼酸鋇等的晶體，會產生兩個處於量子纏結狀態的光子。不過，並非一定（100%的機率）會產生量子纏結的光子對。

的方法。我們已經知道，使具有高能量的光子（例如具有高頻率的雷射光）通過硼酸鋇等的晶體，即可產生兩個處於量子纏結狀態的低能量光子（上方插圖）。

此外，我們也知道，把兩個電子放入特殊的狹小空間，也能製造出量子纏結狀態。電子具有一種性質，如果自旋（類似自轉的性質）的方向不是彼此相反，便無法接近到極近的距離（包立的不相容原理）。利用這個性質，能夠使電子對產生量子纏結狀態。利用這樣的方法，使光子或電子處於量子纏結狀態之後，再把它們分開到適當的距離，便完成了量子遙傳的準備工作。

利用量子遙傳達成確實又安全的通訊

量子遙傳的主要用途之一,是運用在通訊上。小坂教授說:「在通訊上利用量子遙傳的目的,在於『確實性』和『隱匿性』。」進行量子遙傳時,如果能在發送端和接收端製備好量子纏結狀態,則無論多遠的距離,都能透過量子纏結直接把資訊傳到接收側(不過,除了量子纏結之外,必須加上補充資訊的通知)。如果利用量子纏結,就不會因為在中途訊號減弱等因素而損失大量資訊。

此外,如果利用量子纏結,「將能夠做到內容始終完全保密的通訊。因此能夠委託遠地某部量子電腦進行處理再接收它的處理結果,或者實施不能洩露投票給誰的電子投票等」(小坂教授)。

利用量子遙傳的「量子資訊通訊」,必須在進行通訊的兩者之間,預先備妥量子纏結狀態的光子等等(EPR對)。具體來說,就是製造處於量子纏結狀態的光子對,再把其中一個利用光纖送到接收端,就準備妥當了。光纖是透明度非常高的玻璃所製成,但無論如何,光都會在中途減弱,所以光子到達的距離有其限制。目前,利用光纖傳送光子(1個光的基本粒子)的距離頂多在100公里左右。

如果要做超過這個距離的量子資訊通訊,就需要中繼(量子中繼)。在較短的距離製造出許多個量子纏結,然後把它們統合起來,成為一個串連發送者和接收者的長量子纏結(插圖下側)。

另一方面,也有使用人造衛星從太空配送光子的方法,不必在地面實施量子中繼,就能夠把處於量子纏結狀態的光子對,一口氣配送到遙遠的場所(插圖上側)。中國大陸的研究團隊利用這個方法,已經成功地在中國大陸境內相距1200公里的兩個地點進行量子資訊通訊,並且也與距離7400公里遠的奧地利之間完成了量子資訊通訊。

在地面轉播,或從太空配送?

進行量子資訊通訊的時候,必須在發送者和接收者之間,配送處於量子纏結狀態的光子對。如果要在地面使用光纖配送光子對,則如插圖下側所示,必須每隔一段較短的距離就設立一個中繼點,在各個中繼地點強制使光子成為量子纏結狀態,藉此統合中繼地點之間的量子纏結狀態,以便繼續配送下去。

另一方面,如插圖右上側所示,也有把成為量子纏結的光子對從太空配送給地面的發送者和接收者的方法。中國大陸的研究團隊於2016年發射了量子資訊通訊專用的人造衛星「墨子號」,成功地從太空配送光子對。現在的量子資訊通訊領域,中國是走在前頭。

小坂教授表示,使用人造衛星的方法比較適合兩點間的量子資訊通訊,並不適合多個地點間利用網路進行的通訊。「中國大陸這種使用人造衛星的方法是劃時代的做法。日本在地面和人造衛星這兩方面,都已經在建構量子資訊通訊的網路,但中國大陸在這方面的研究開發的步伐比較快。以通訊速度來說,目前中國大陸大概快了1000倍左右」(小坂教授)。

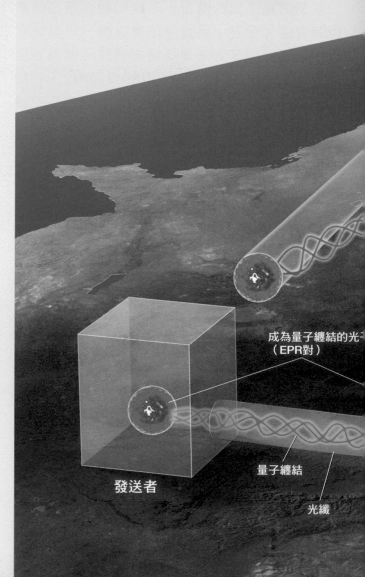

成為量子纏結的光子
(EPR對)

發送者

量子纏結

光纖

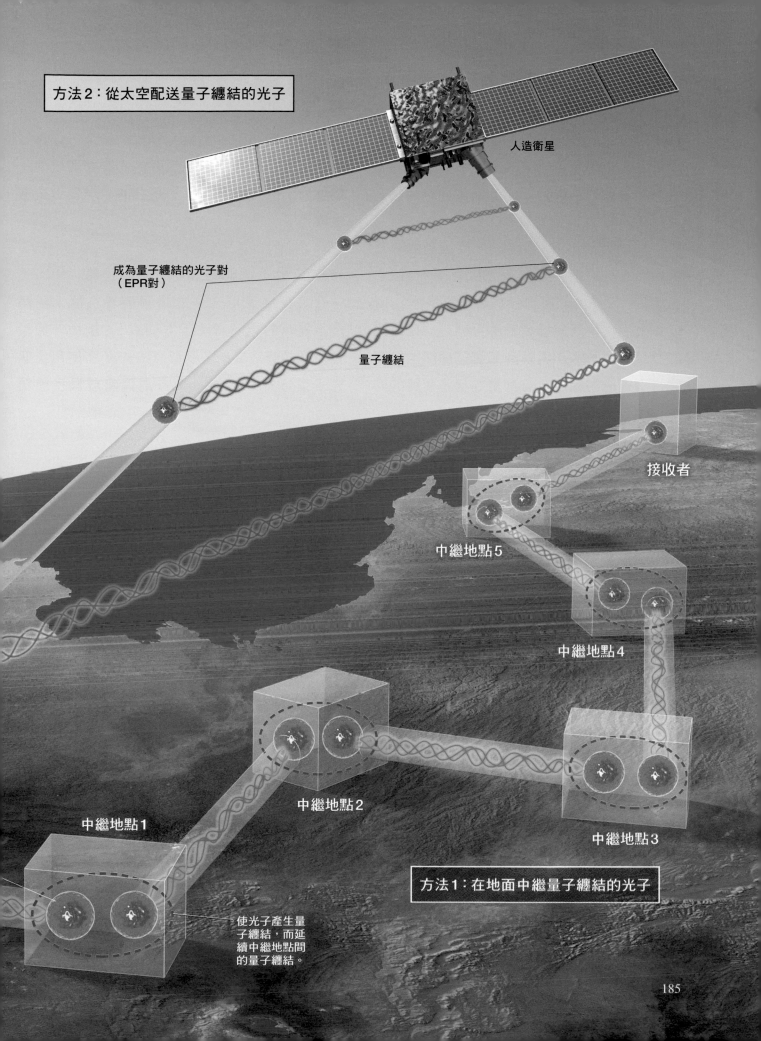

方法2：從太空配送量子纏結的光子

人造衛星

成為量子纏結的光子對
（EPR對）

量子纏結

接收者

中繼地點5

中繼地點4

中繼地點2

中繼地點3

中繼地點1

方法1：在地面中繼量子纏結的光子

使光子產生量
子纏結，而延
續中繼地點間
的量子纏結。

量子遙傳裝置是「小型的量子電腦」

　　量子遙傳目前正在積極研究的另一項重要用途，就是「量子電腦」上的應用。量子電腦是利用微觀物質的「疊合狀態」而能同時進行多個運算（平行運算）的電腦（詳見第162頁起的內文）。雖然還在研發階段，尚未到達真正的實用化，不過備受期待能以凌駕傳統電腦的高速度（以短時間）解決各式各樣的問題。

　　事實上，量子遙傳的裝置本身就是一個最簡單的量子電腦。量子遙傳利用量子纏結能把資訊傳送到遙遠的場所，但其實在傳送資訊的同時，能使資訊產生變化，也就能夠進行運算。量子電腦不是利用量子遙傳的「能把資訊傳送到遠處」的特徵，而是利用它的「能使資訊產生變化」的特徵。

一般的量子遙傳是「×1」的運算

　　在這裡以使用光子的量子遙傳為例，說明一下運算的機制吧（下方插圖）！例如，假設有一個具有「2」這項資訊的光子。使用這個光子進行量子遙傳，則會透過處於量子纏結

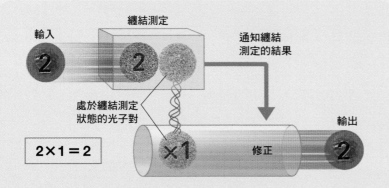

利用量子遙傳的運算

本圖所示為把使用光子的量子遙傳用於進行運算的程序的模式。左側為所謂的一般的量子遙傳。進行運算（×）使輸入和輸出相同。

　　下側為在傳送資訊的同時，進行「＋3」或「×2」等運算的量子遙傳的例子。基本上，1次量子遙傳進行1次運算，所以若要進行多次運算，則必須如插圖所示地連續施行量子遙傳。

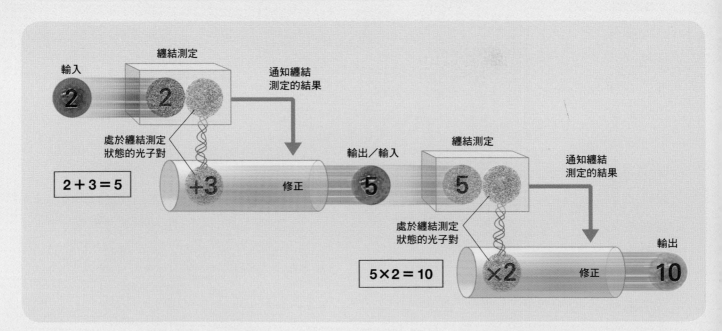

狀態的光子對，使另一個地方出現具有「2」這項資訊的光子。如果把這一連串的流程想成是運算，則可視為對輸入的光子資訊「2」做「×1」的運算，然後輸出具有「2」這項資訊的光子（2×1＝2）。

一般的量子遙傳是把輸入的資訊直接輸出（做×1的運算），但事實上也能藉由做「＋3」、「×2」等運算，使資訊產生變化。左頁插圖下側所示，即為這種場合的一連串流程。連續地進行量子遙傳，便能進行「（2＋3）×2＝10」之類的多個運算。

使光子具有「2」等資訊的方法很多，例如，使「光波」的振動大小（振幅）產生差異，以此來表現數。

此外，當然也能夠利用量子電腦的利器「疊合」來做運算。使光子不只具有「2」，同時還疊合著「3」、「4」等等的資訊，再拿它來進行利用量子遙傳的運算，便能同時運算所有疊合的數。

複雜的運算需要許多量子纏結

前面介紹的量子遙傳，都是使用兩個光子的量子纏結（兩者間量子纏結）。但若要做為量子電腦進行複雜的運算，則必須把量子纏結做更複雜的組合。

原則上，做1次運算需要1次量子遙傳。如左邊的插圖所示，首先做「＋3」，接著做「×2」的運算，需要連續進行2次量子遙傳。在使用光子進行量子遙傳時，如果要進行多次的量子遙傳，則需要同等數量的量子遙傳裝置，這就會產生整體裝置變得非常龐大的問題。為了解決這個問題，科學家構思了許多方

各式各樣的「量子」

量子（quantum）的意思是「能夠計數一個、兩個的小團塊」，也可以說，是量（quantity）的基本單位（最小單位）。

在量子論登場之前，人們一直認為例如光所具有的能量的值是連續的，所以光的能量沒有基本單位，能夠不斷地細分下去。但是，德國物理學家普朗克及愛因斯坦等人闡明了光的能量也具有單位。這個單位稱為「量子」。

量子不只是存在於能量，例如，光子的偏振（光「波」的振動方向）、電子及原子核的自旋（如同自轉的性質），也是具有不連續而離散的值的量子。

也就是說，所謂的量子，並非指稱電子及原子核等微觀物質本身的語詞，而是表示物質所具有的離散式的物理量。這節的主題是量子遙傳，如果能了解「量子」這個語詞的意涵，或許會比較容易明白量子遙傳並非傳送物質本身的技術，而是讀取物質所具有的資訊（量子的資訊），把它移轉給另一個物質的技術。

案，例如把相同的量子遙傳裝置做成環狀，以便重覆利用多次，藉此縮小整體裝置的體積。

此外，也有科學家在研究，不是準備許多組兩個光子的量子纏結（兩者間量子纏結）來進行多次的量子遙傳，而是從一開始就使許多個光子產生量子纏結（多者間量子纏結，一口氣做許多項運算的方法。鑽研使用光子的量子電腦的日本東京大學武田俊太郎特任講師說：「這個方法稱為『單向量子運算』，是近年來相當熱門的研究領域之一。」）

例如，預先製造出由10個光子構成的多者間量子纏結，然後在其中輸入具有「2」這項資訊的光子，並且依序進行適切的測定和修正，就會逐次發生量子遙傳，把最初的資訊「2」做「＋4」、「÷2」、「×3」……的運算。「為了實現單向量子運算，全世界都在研究如何製造大規模的量子纏結。我們的研究室已成功製造出100萬個量子纏結」（武田特任講師）。

傳送前的貓和傳送後的貓是完全相同的貓

最後，回答一些與量子遙傳有關的疑問吧！

Q1：傳送前和傳送後的貓是相同的貓嗎？

量子遙傳和科幻小說裡面出現的遠距傳送不一樣，傳送的並非物質本身，被發送出去的，只是物質的資訊。在第178頁，貓是根據從地球送去的資訊，使用在月球的物質「重新構成」。那麼，傳送前的貓和傳送後的貓，究竟能不能說是相同的貓呢？

例如，你現在正在閱讀的這本《量子論縱覽》，是由同一家印刷廠印製，所以和書店裡面排在一起的其他本《量子論縱覽》的內容一模一樣。不過，由於印製時的些微差異等因素，所以就物質的觀點，可以說是不一樣的東西吧！

另一方面，利用量子遙傳而在接收端所形成的物質，它的原子的狀態（量子狀態）和發送端的物質完全相同。而相同元素的原子並沒有任何差異。地球上的碳原子和月球上的碳原子並無法區別，可以說是完全相同的東西。順帶一提，這裡所說的是：原子核的中子數等所有狀態都相同的原子。就這個意義來說，地球上的貓和月球上重新構成的貓，即使以原子的層級來做比較，也是無法區別，因此可以說是完全相同的貓。

Q2：為什麼大型物質不容易進行量子遙傳？

若要進行量子遙傳，必須測定欲傳送的物質資訊。而如果要做測定（纏結測定），對象必須是處於「量子狀態」。所謂的量子狀態，是指疊合之類，能夠發揮量子力學上之特徵性質的狀態。原子等微觀物質在單獨存在時能成為量子狀態，但大型物質（巨觀物質）基本上無法成為量子狀態。

不同物質間也能進行量子遙傳！

前面介紹的量子遙傳，雖然會因為運算而改變狀態，但是傳送前後的粒子是相同的種類（光子→光子）。事實上，不同種類的粒子之間，也能夠進行量子遙傳。

光子和電子、電子和核子（構成原子核的質子和中子）等異種粒子之間，也能製造量子纏結。利用這類異種間的量子纏結，也能夠進行異種間的量子遙傳。小坂教授說：「電子和光子只不過是資訊的載體或媒介，所以異種間也沒有問題。」

例如，我們能夠把光子具有的資訊（量子資訊），透過電子，利用量子遙傳移轉給構成鑽石的碳原子的原子核（右邊插圖）。光子能以光速移動，所以十分適合用於長距離傳送。但另一方面，光子並不太能夠長時間保存著資訊。針對這一點，鑽石則能夠比較長時間地（～10秒）保存著利用量子遙傳傳送過來的資訊。也就是說，適合用來做為資訊的記錄裝置（量子記憶體）。

可以從光子透過電子傳送資訊給原子核（構成鑽石的碳原子的原子核）。異種間的量子遙傳稱為「量子媒介轉換」。

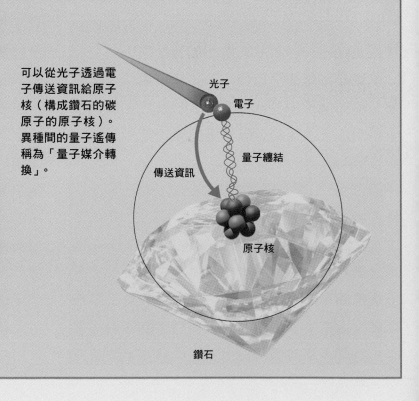

光子
電子
量子纏結
傳送資訊
原子核
鑽石

嗎？

牽涉的物質（原子）的數量越多，越難維持量子狀態。而且，為了避免與空氣分子撞擊而破壞了量子狀態，最好是在真空中做測定，所以很難讓生物活生生地利用量子遙傳來傳送吧！此外，原子增多的話，必須測定並傳送的資訊量會變得非常龐大。由於種種問題，想把大型物質進行量子遙傳，在現實上有很大的困難度。

Q3：為什麼必須有補充資料的通知？

量子遙傳除了利用量子纏結的傳達之外，還必須利用傳統的通訊手段把補充資訊通知接收端。為什麼單憑量子纏結並無法傳送充分的資訊呢？

我們來思考一下，和第182頁的插圖一樣使用光子的量子遙傳（下方插圖）。有想要傳送的 X 光子，和處於量子纏結狀態的 A 光子（發送端）和 B 光子（接收端）。把 X 光子和 A 光子碰撞，使兩者的狀態「混雜」在一起，然後進行測定，則兩個光子會成為下方插圖所示的 4 種量子纏結狀態中的某一種狀態。必須通知接收端（B 光子）的補充資訊，就是測定的結果究竟是這 4 種量子纏結狀態當中的哪一種狀態。

X 光子和 A 光子會變成 4 種當中的哪一種，完全是隨機的，亦即依機率而定。在 A 光子的狀態產生變化的瞬間，A 光子的狀態變化會透過量子纏結而傳到和它成對的 B 光子。但是，仍然不知道是 4 種狀態之中的哪一種狀態（仍然含有隨機的部分）。在發送端做測定，確認是變成了 4 種狀態中的哪一種，再依據測定的結果來修正 B 光子，把 B 光子殘留的隨機部分消除掉，才能在 B 光子正確地重現 X 光子的資訊。

兩個光子的量子纏結狀態

測量兩個光子是如何纏結的「貝爾測定」
把 A 光子撞擊 X 光子，然後在它們「混雜」之後進行測定，則 X 光子和 A 光子會被強制地轉換成量子纏結狀態1～4的其中一種。接著，把實際成為哪一種狀態的測定結果，傳送給與 A 光子成為量子纏結對的 B 光子（上方插圖沒有呈現），做為補充資訊。這一系列的測定，有個專門術語稱為「貝爾測定」。狀態1～4裡面的「＋」和「－」，表示依據量子力學之疊合方式的差異。

人人伽利略 科學叢書 03

完全圖解元素與週期表

解讀美麗的週期表與
全部118種元素！　　售價：450元

　　所謂元素，就是這個世界所有物質的根本，不管是地球、空氣、人體等等，都是由碳、氧、氮、鐵等許許多多的元素所構成。元素的發現史是人類探究世界根源成分的歷史。彙整了目前發現的118種化學元素而成的「元素週期表」可以說是人類科學知識的集大成。

　　本書利用豐富的插圖以深入淺出的方式詳細介紹元素與週期表，讀者很容易就能明白元素週期表看起來如此複雜的原因，也能清楚理解各種元素的特性和應用。

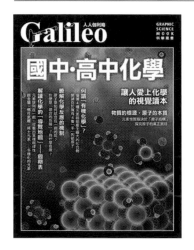

人人伽利略 科學叢書 04

國中・高中化學

讓人愛上化學的視覺讀本　　售價：420元

　　「化學」就是研究物質性質、反應的學問。所有的物質、生活中的各種現象都是化學的對象，而我們的生活充滿了化學的成果，了解化學，對於我們所面臨的各種狀況的了解與處理應該都有幫助。

　　本書從了解物質的根源「原子」的本質開始，再詳盡介紹化學的導覽地圖「週期表」、化學鍵結、生活中的化學反應、以碳為主角的有機化學等等。希望對正在學習化學的學生、想要重溫學生生涯的大人們，都能因本書而受益。

人人伽利略 科學叢書 05

全面了解人工智慧

從基本機制到應用例，
以及未來發展　　售價：350元

　　人工智慧雖然方便，但是隨著 AI 的日益普及，安全性和隱私權的問題、人工智慧發展成智力超乎所有人類的「技術奇點」等令人憂心的新課題也漸漸浮上檯面。

　　本書從人工智慧的基本機制到最新的應用技術，以及 AI 普及所帶來令人憂心的問題等，都有廣泛而詳盡的介紹與解說，敬請期待。

★臺北醫學大學管理學院院長／大數據研究中心主任　謝邦昌 編審

人人伽利略 科學叢書 09

單位與定律　　完整探討生活周遭的單位與定律！　　售價：400元

　　本國際度量衡大會就長度、質量、時間、電流、溫度、物質量、光度這7個量，制訂了全球通用的單位。2019年5月，針對這些基本單位之中的「公斤」、「安培」、「莫耳」、「克耳文」的定義又作了最新的變更。本書也將對「相對性原理」、「光速不變原理」、「自由落體定律」、「佛萊明左手定律」等等，這些在探究科學時不可或缺的重要原理和定律做徹底的介紹。請盡情享受科學的樂趣吧！

★國立臺灣大學物理系退休教授　曹培熙　審訂、推薦

人人伽利略 科學叢書 10

用數學了解宇宙　　只需高中數學就能計算整個宇宙！　　售價：350元

　　每當我們看到美麗的天文圖片時，都會被宇宙和天體的美麗所感動！遼闊的宇宙還有許多深奧的問題等待我們去了解。

　　本書對各種天文現象就它的物理性質做淺顯易懂的說明。再舉出具體的例子，說明這些現象的物理量要如何測量與計算。計算方法絕大部分只有乘法和除法，偶爾會出現微積分等等。但是，只須大致了解它的涵義即可，儘管繼續往前閱讀下去瞭解天文的奧祕。

★台北市天文協會監事　陶蕃麟　審訂、推薦

人人伽利略 科學叢書 19

三角函數　　sin、cos、tan　　售價：450元

　　本書除了介紹三角函數的起源、概念與用途，詳細解說公式的演算過程，還擴及三角函數微分與積分運算、相關函數，更進一步介紹源自三角函數、廣泛應用於各界的代表性工具「傅立葉分析」、量子力學、音樂合成、地震分析等與我們生活息息相關的應用領域，不只可以加強基礎，還可以進階學習，是培養學習素養不可多得的讀物。

【 人人伽利略系列 12 】

量子論縱覽
從量子論的基本概念到量子電腦

作者／日本Newton Press
執行副總編輯／賴貞秀
審訂／曹培熙
翻譯／黃經良
校對／邱秋梅
商標設計／吉松薛爾
發行人／周元白
出版者／人人出版股份有限公司
地址／23145 新北市新店區寶橋路235巷6弄6號7樓
電話／（02）2918-3366（代表號）
傳真／（02）2914-0000
網址／www.jjp.com.tw
郵政劃撥帳號／16402311 人人出版股份有限公司
製版印刷／長城製版印刷股份有限公司
電話／（02）2918-3366（代表號）
經銷商／聯合發行股份有限公司
電話／（02）2917-8022
第一版第一刷／2020年06月
第一版第二刷／2021年01月
定價／新台幣450元
　　　港幣150元

國家圖書館出版品預行編目（CIP）資料

量子論縱覽：從量子論的基本概念到量子電腦
日本Newton Press作；黃經良翻譯. -- 第一版. --
新北市：人人，2020.06
面；公分. —（人人伽利略系列：12）
譯自：量子論のすべて 新訂版
ISBN 978-986-461-218-5（平裝）
1.量子力學

331.3　　　　　　　　　　　　　109007120

Staff

Editorial Management	木村直之
Editorial Staff	疋田朗子

Photograph

107	（コマドリ）Bernd Wolter/shutterstock.com
125	Newton Press
136-137	SPL/PPS通信社
138	SPL/PPS通信社
141	AMERICAN INSTITUTE OF PHYSICS/SPL/PPS通信社
142	AMERICAN INSTITUTE OF PHYSICS/SPL/PPS通信社
144	AMERICAN INSTITUTE OF PHYSICS/SPL/PPS通信社
145	CERN
172	東京大学大学院工学系研究科・古澤研究室
174	SPL/PPS通信社，D-Wave Systems
181	PPS通信社，SPL/PPS通信社，SPL/PPS通信社

Illustration

Cover Design	デザイン室 宮川愛理
	（イラスト：Newton Press）
2	Newton Press
3	Newton Press，Newton Press（地図のデータ：Reto Stöckli, NASA Earth Observatory）
5	Newton Press
6-7	Newton Press，（ニュートン，ラプラス）山本 匠
8-9	Newton Press/協力（株）東京ドーム
10~25	Newton Press
26-27	Newton Press，（ヤング）山本 匠
28~39	Newton Press
40-41	Newton Press，（トムソン，長岡）山本 匠
42-43	Newton Press，（ラザフォード）山本 匠
44-45	Newton Press，（アインシュタイン，ド・ブロイ）山本 匠
46-47	Newton Press，（ボーア）山本 匠
48~51	Newton Press
53	Newton Press，（アインシュタイン，ボーア）山本 匠
54~57	Newton Press
58-59	Newton Press，（ボルン）山本 匠
60~67	Newton Press
68-69	Newton Press，（アインシュタイン，ボーア）山本 匠
70-71	Newton Press
72-73	Newton Press，（ハイゼンベルク）山本 匠
74~83	Newton Press
84-85	Newton Press，（ディラック）黒田清桐
86~91	Newton Press
92-93	Newton Press，（ガモフ）山本 匠
94~97	Newton Press
99	Newton Press，（パウリ）山本 匠
100~117	Newton Press
118	山本 匠
119	山本 匠，黒田清桐
120~121	Newton Press
122	山本 匠，黒田清桐
123	山本 匠
124~133	Newton Press
134-135	Newton Press，（アインシュタイン，ボーア）山本 匠
136~138	Newton Press
139	Newton Press，（ボーア，シュレーディンガー）山本 匠
140~156	Newton Press
157	佐藤蘭名
159~177	Newton Press
178-179	Newton Press（地図のデータ：Reto Stöckli, NASA Earth Observatory）
180~183	Newton Press
184-185	Newton Press（地図のデータ：Reto Stöckli, NASA Earth Observatory）
186~189	Newton Press
表4	Newton Press